国家自然科学基金项目资助(51779196)

长距离输水渠系冰塞冰坝风险防控机制与技术研究

刘孟凯 等著

U0235836

黄河水利出版社

·郑州·

图书在版编目(CIP)数据

长距离输水渠系冰塞冰坝风险防控机制与技术研究/
刘孟凯等著 . —郑州:黄河水利出版社,2021. 9
ISBN 978-7-5509-3103-9

Ⅰ.①长… Ⅱ.①刘… Ⅲ.①长距离-输水-水利工
程-结冰期-研究 Ⅳ.①TV672

中国版本图书馆 CIP 数据核字(2021)第 198657 号

审稿编辑:席红兵   13592608739

出 版 社:黄河水利出版社
            地址:河南省郑州市顺河路黄委会综合楼 14 层   邮政编码:450003
发行单位:黄河水利出版社
            发行部电话:0371-66026940、66020550、66028024、66022620(传真)
            E-mail:hhslcbs@ 126. com
承印单位:河南新华印刷集团有限公司
开本:787 mm×1 092 mm   1/16
印张:7.5
字数:180 千字   印数:1—1 000
版次:2021 年 9 月第 1 版   印次:2021 年 9 月第 1 次印刷

定价:68.00 元

前　言

冰塞冰坝洪水是指因为在河道/渠道内形成过大冰塞/冰坝体,造成水位急速上涨而外溢产生的洪水。冰塞冰坝事件具有可预测性不强的特性,且一旦发生,会迅速引起水位急剧上升,给人类预留的应急响应时间非常短,容易造成非常巨大的生命财产损失。加拿大、美国、俄罗斯、波兰和中国等国家均有冰塞冰坝洪水报道,除不可估价的生命代价外,一次事故的仅财产损失也是非常巨大的。据文献显示,估计全世界历史上财产损失最大的十次冰塞冰坝洪水事件如表1所示:最高财产损失达15.79亿美元,仅2017年北美因冰塞冰坝财产总损失也达到了3亿美元,2009年以来的冰塞冰坝洪水大事件占比达40%。这一方面说明随着社会发展,单位面积的财产损失增大,另一方面也说明,冰塞冰坝风险防控仍是当前阶段全世界需要面对的研究问题。

表1　源于文献报道的冰塞冰坝洪水事件财产损失(排序前十)

序号	事件河流	国家	年	财产损失(亿美元)
1	Missouri River(密苏里河)	美国	1952	15.79
2	Susquehanna River Basin(萨斯奎哈纳河)	美国	1996	7.94
3	Irkutsk Region(伊尔库兹克地区)	俄罗斯	2001	2.81
4	Yukon River(育空河)	美国	2013	0.85
5	Town of Peace River(和平镇河)	加拿大	1997	0.54
6	St John River(圣约翰河)	加拿大	1987	0.46
7	Red River(红河)	加拿大	2009	0.36
8	Yukon River(育空河)	美国	2009	0.34
9	New Brunswick and Maine(新不伦瑞克和缅因)	加拿大和美国	1991	0.27
10	Lena River(勒拿河)	俄罗斯	2010	0.23

基于我国气候与水资源分布特点,我国如南水北调工程等调水工程在冬季运行也面临冰塞冰坝风险威胁。调水工程与天然河道不同,调水工程在尺寸上一般较河道小,且其水位流量变化受人为调度计划控制,在冬季运行过程中,一旦出现调度决策失误等,极可能为冰塞冰坝形成提供孕灾环境。又因为如南水北调中线干线工程等会邻近或穿越城市或村庄,一般发生漫溢洪水,其造成的生命财产损失也肯定会较同规模的河道洪水大。

南水北调中线干线工程自2014年全线通水以来,每年冬季自安阳河以北渠道均有不同程度的冰情发生。相关研究者曾在局部渠道观测到了冰塞现象,冰塞体尺寸约厚 2.0 m(约占设计水深的 44%)、长 0.8 km,造成冰塞体上游渠道水位有一定程度的壅高,并引起了渠系闸门系统的频繁响应,对工程、水量和沿线居民财产的安全均造成了一定威胁。因此,需要针对调水工程本身特性和冰塞冰坝突发事件特性,研究具有适用性的调水工程冰塞冰坝风险评估与风险防控技术,为调水工程冬季运行减灾提供支撑。

本书属于国家自然科学基金资助项目"长距离输水渠系冰塞冰坝风险防控机制与技术(51779196)"部分研究成果。研究以南水北调中线干线工程为背景,内容主要涉及冬季气温特性分析、冰塞评估、冰坝风险评估、冰期输水安全调度等。

全书由课题负责人刘孟凯统筹编写,共分 10 章。本书具体编写分为:第 1 章由刘孟凯编写,第 2 章由刘孟凯、杨佳编写,第 3 章由刘孟凯编写,第 4 章由刘孟凯、范秋怡编写,第 5 章由刘孟凯、杨佳、范秋怡编写,第 6 章由刘孟凯、杨佳编写,第 7 章由刘孟凯、董孝霞编写,第 8 章由刘孟凯、董孝霞编写,第 9 章由刘孟凯、关惠编写,第 10 章由刘孟凯、关惠编写。

在成书之际,作者对本书引用参考文献的编著者表示感谢,也愿与广大科研工作者共同交流与合作,推动相关研究的不断深入。

作　者
2021 年 8 月

目　录

第1章

调水工程冰期输水相关研究进展

本书研究内容涉及多学科交叉问题,主要包括河(渠)冰水力学研究与渠系自动化控制研究,相关的国内外研究现状如下。

1.1　河(渠)冰水力学研究现状

国内外学者采用理论推导、原型观测、试验研究和数值模拟等方法对冰水力学进行了大量研究工作,取得了丰硕成果。

1.1.1　在冰塞形成机制研究方面

Sui 等通过对黄河河曲段冰塞现象的观测,探讨了冰塞形成机制,以及水位变化与冰塞厚度的关系,建立了冰盖厚度与弗汝德数的经验关系;Gilberto 和 Robert 通过水槽试验,在研究弯道内冰塞堆积方面做出了贡献;Shen 等通过分析实测资料认为可以利用轻质推移质输沙率公式描述冰盖下输冰,并基于试验数据建立了冰盖下输冰量计算公式。王军阐述了河流冰塞理论,并通过室内试验研究了直河段和弯河道的冰塞问题;对冰盖下流速分布进行了理论分析和模拟,提出了用分区平均流速近似代替冰盖下的平均流速;利用两相流理论实现了冰盖下冰花输移模拟,描述了平衡冰塞厚度与来水来冰条件等因素之间的关系,最后提出了平衡冰塞厚度计算的表达式。

冰盖糙率研究是冰问题研究的重要方面,茅泽育对封冻河道的阻力问题进行了分析和总结,魏良琰通过分析阻力项中 Manning 糙率,得到了完全封冻和不完全封冻条件下渠道综合糙率的通用计算公式,该公式经水槽试验证明具有应用推广性。茅泽育从理论上分析了冰盖产生纵缝和横缝的机制,他认为,纵缝先于横缝产生,纵缝依据河宽的不同可出现在岸边或中心,进而通过弹性梁理论得到冰盖垂向弯曲引起的横缝间距约为冰厚的10 倍的结论,并利用边壁约束提出了武开河的判定标准。

1.1.2　在数学模型方面

近年来,已建立了多个模拟各种形式河冰的形成与消退模型,如 Petryk(1981)模型,Calkins(1984)模型,Shen(1984)模型和 Shen(1991)模型,其中前两个模型是基于恒定流的河冰模拟模型。Shen(1995)建立更加精细化的 RICEN 模型,已经应用于 Niagara river 上游(1995 年)和黄河下游(1994)的成冰条件分析,模型功能包括:水温计算;冰花的生成;锚冰的产生、增长及消退;水内冰和表层冰的输送;静水薄冰和岸冰的形成;冰盖的推进及其稳定性;冰盖下冰的输送、沉积与侵蚀和冰盖的热力学增长与消退,RICEN 为广泛应用的模型。Shen 等(2000)建立二维动力输冰和冰塞模型,并通过解析解进行验证,该模型在近些年的实际应用中不断得到改进,对河流泥沙冲淤、鱼类栖息地评价和拦冰栅设计等起到了支撑作用。黄海燕建立了冰情模拟模型,分析了水库的出库水温、不同冰盖糙率与水深对输水能力、冰情发展过程及冰情特征值的影响。王永填建立了一维和二维河冰数学模型,并对一维模型进行了验证,同时也探讨了河渠冬季输水特性和冰塞形成机制。吴剑疆研究了河道中冰情形成和演变机制;建立了一维冰塞模型并用黄河河曲段观测数据进行验证;建立了水内冰的形成、输移和分布二维模型。杨开林模拟了白山河段1963～1964 年冬季的冰塞形成、发展过程,取得了较好效果。李清刚基于三维流场模拟,分析了 U 形弯道上的冰情分布特性,并认为由于弯道横向环流,导致凸岸相比凹岸而言,其水温低、水温梯度大和冰厚大。王昕修正了用于冰盖厚度计算的度日法,并基于试验室静水、海水和松花江的冰厚计算,分析得到了适用于不同类型冰的冰厚计算通用度日法公式。练继建提出了无经验参数的动、静水冰盖厚度预测的辐射度日法。魏良琰以流冰面密度作为封冻的判定标准,建立了冰情模拟模型,研究了中线总干渠冰情特性和水力响应规律。

1.2 渠系自动化控制研究现状

国内外的渠道自动化运行控制技术均是从最初的水力自动闸门逐渐发展为中央集中控制。

1.2.1 在渠系运行方式方面

国外渠系自动化技术实践始于 20 世纪 30 年代,最先用于渠系管理是水力自动化闸门。美国垦务局于 1966 年开始进行有关渠系自动控制运行的研究,并逐渐形成了较完整的渠系运行控制理论,Reynolds(1967)等提出了等体积运行方式;Wylie(1969)提出了闸门的步进运动算法;Merrian(1977)提出了水平渠顶运行方式;Zimbelman(1981)、Burt(1983)提出了下游运行方式;Corriga(1983)提出了渠系最优等容量运行方式;Reddy 在灌溉系统中采用了集中控制;Barros Mario 从管理角度对需求型渠系的设计进行了优化;Bautista 设计了灌溉分水渠系的超前开环电脑控制系统,提出了通过蓄量补偿的方法来设计下游需水流量的变化过程;Wahlin 实现了渠网的下游水位自动反馈控制。国内开展相关研究较晚,姚雄提出并实现了渠系控制蓄量运行方式及其算法,研究了渠系运行的过渡调度方式,并针对常规下游常水位运行存在的缺点,提出并实现了基于流量主动补偿的下游常水位运行方式。丁志良研究了闸门调节速度对渠道内水面线的影响,改进了控制蓄量法并把其与下游常水位运行相结合,利用模糊控制优化了 PID 控制器参数,并对闸门死区和仿真计算周期进行了分析。

1.2.2 在渠系控制系统建模方面

Amorocho(1965)等模拟了由于闸门开度引起的渠道水流瞬变过程;Clemmens(1979)

建立了动态规划模型;Brian J. Boman(1990)等建立了线性规划运行模型;Balogun采用了线性二次调节理论;方神光分析了数学建模时的渠系建筑物处理方式和建筑物水头损失计算方法。杨开林等分析并实现了闸门特性的动态系统辨识。阮新建建立了多输入多输出的多变量渠系控制系统,并利用现代控制理论分析了系统的响应特性,提出了反馈增益矩阵的几种确定方法及权矩阵的选择方法。尚毅梓利用状态空间方法建立了南水北调中线工程运行控制模型,进而对控制系统特性及水力响应进行了分析。

1.2.3 在渠系控制器设计方面

Ruiz-Carmona和Divid对渠系控制算法进行了总结;Clemmens提出了最优的下游反馈控制器,并经过了验证;Litrico实现了PI控制器的设计与应用。杨桦等将模糊控制理论用于渠道运行系统,研究表明该方法控制精度不高,整体协调能力较差。管光华分析了渠道系统的不确定性和干扰特性,并基于鲁棒控制的方法实现了渠道系统控制和模拟,提高了渠系自动控制系统运行的稳定性。崔巍针对渠系运行中存在的时滞性、非线性、渠池串联耦合等问题,利用最优控制理论,设计出了二次最优控制器及观测器,最终实现了渠系中央集中控制。

在实际应用方面,相关研究理论为美国中亚利桑那工程、加利福尼亚输水道工程和我国南水北调等工程的自动化管理方面提供了重要支撑。

1.3 调水工程冰期输水研究现状

1.3.1 在防凌减灾措施研究方面

观测技术与监测系统是防凌减灾的重要支撑。李志军研究了冰厚观测技术。Huang研究了基于Zigbee的河冰厚度多点监测系统。雷瑞波通过对冰层热力学生消过程的监测,研究了冰层反光率等关键参数。杨丽萍通过试验研究,提出了双轴拦冰索,并总结了不同冰厚和流速等工况下的双轴拦冰索的有效拦冰距离和极限拦冰量,预测了拦冰索的拦冰厚度。同时,通过明确工程冰害风险等级,加强风险防控能力也是重要措施。Munck等构建了一个地理模型,通过量化不同地理因素对冰坝堆积的影响,预测冰坝的堆积地点,Sagin改进了该模型,将其应用于河流开河模式的研究中;李芬等采用地理模型概念,利用模糊评价方法,对南水北调中线京石段进行了冰塞地点预测。刘孟凯利用层次分析法和故障树分析法(Fault Tree Analysis,简称FTA)对冰塞和冰坝风险因子进行了辨识评估,提出了调水工程冰塞冰坝风险致灾关键因素,为调水工程冰期输水、冰塞冰坝风险防控提供支撑。

1.3.2 在冰期输水运行调度方面

王涛等把基于网络的神经推理系统应用于冰情预报,并在黄河水温模拟方面取得较好效果。高需生等预测了不同气温典型年条件下的南水北调工程中线冰花起始时间、流冰量、冰盖形成过程及厚度,进而提出了冬季输水防凌害的初步运行方案及措施。中国水利水电科学研究院承担了国家"十一五"科技支撑项目"南水北调工程关键技术研究与应用"的课题四"中线工程输水能力与冰害防治技术研究",分析了中线沿程的气象条件,利用神经网络等方法得到气温典型年下渠道的结冰范围、时间和冰期历时;同时也建立了中线一维冰情仿真模型,分析了冰盖糙率、输水能力、冰害防治等多方面内容,利用闸前常水位和水位——流量串联控制器实现了渠系运行控制。郭新蕾对典型工况下的南水北调中线冰情(水温、结冰范围、封冻过程和水位波动)进行了预测分析。穆祥鹏利用渠系冰期输水运行控制模型,揭示了在控制器作用下的中线冰期输水特性;刘孟凯建立了基于冰情演变的长距离输水渠系冰期输水自动化控制模型,构建了冰情模拟预报与闸门群自动化控制相结合的工程调度管理模型,并就冰情模拟模型进行了参数率定与实测验证,还针对冰塞形成的封冻期设计提出了寻优控制器,对维持封冻期水力条件平稳、降低冰塞形成概率做出贡献。

第 2 章

南水北调中线干线工程沿线冬季气温特征分析

2.1　数据与研究方法

本书研究所采用的数据通过中国气象数据网(http://data. cma. cn/site/index.html)获取,选取南水北调中线工程总干渠沿线地区 8 个国家地面气象观测站 1968~2017 年共 50 a 逐日气温数据序列,以上年 12 月到翌年 2 月为冬季(如 2000 年冬季为 1999 年 12 月至 2000 年 2 月),统计了总干渠沿线 8 个气象站 1969~2017 年的冬季平均值。8 个站点由南至北分布依次为:南阳站、宝丰站、郑州站、新乡站、安阳站、邢台站、石家庄站、保定站。

(1)Mann-Kendall(简称 M-K)法

应用 Mann-Kendall 法检验气温序列 $\{X_n\}$ 的变化趋势,构造统计量 S:

$$S = \sum_{i=1}^{n-1} \sum_{j=i+1}^{n} \mathrm{Sgn}(x_j - x_i) \tag{2-1}$$

式中

$$\mathrm{Sgn}(x_j - x_i) = \begin{cases} 1 & [(x_j - x_i) > 0] \\ 0 & [(x_j - x_i) = 0] \\ -1 & [(x_j - x_i) < 0] \end{cases} \tag{2-2}$$

S 服从正态分布,均值为 0,方差 $\mathrm{Var}(S) = n(n-1)(2n+5)/18$。当 $n>10$ 时,按下式将 S 标准化:

$$Z_c = \begin{cases} \dfrac{S-1}{\sqrt{\mathrm{Var}(S)}} & (S>0) \\ 0 & (S=0) \\ \dfrac{S+1}{\sqrt{\mathrm{Var}(S)}} & (S<0) \end{cases} \tag{2-3}$$

当 $Z_c>0$ 时,认为是上升趋势;反之,则认为是下降趋势。当 Z_c 的绝对值 $|Z_c| \geq 1.28$、$|Z_c| \geq 1.64$、$|Z_c| \geq 2.32$ 时,表示气温序列分别通过了信度 90%、95%、99% 显著性检验。

Mann-Kendall 法用于检验气温序列突变时,可构造一个秩序列 S_k

$$S_k = \sum_{i=1}^{k} r_i \quad (2 \leq k \leq n) \tag{2-4}$$

其中

$$r_i = \begin{cases} 1 & x_i > x_j \\ 0 & x_i \leqslant x_j \end{cases} \qquad (1 \leqslant j \leqslant i) \qquad (2\text{-}5)$$

秩序列在气温序列为随机的假设下,定义统计量:

$$UFK = \frac{[S_k - E(S_k)]}{\sqrt{\text{Var}(S_k)}} \qquad (k = 1, 2, \cdots, n) \qquad (2\text{-}6)$$

其中,$UFK = 0$,$E(S_k)$ 和 $\text{Var}(S_k)$ 分别是 S_k 的均值和方差:

$$E(S_k) = \frac{n(n-1)}{4} \qquad (2\text{-}7)$$

$$\text{Var}(S_k) = \frac{n(n-1)(2n+5)}{72} \qquad (1 \leqslant k \leqslant n) \qquad (2\text{-}8)$$

令

$$\begin{cases} UB_{k'} = -UF_k \\ k' = n+1-k \end{cases} \qquad (1 \leqslant k \leqslant n) \qquad (2\text{-}9)$$

给定显著性 α,若 $|UF_k| \geqslant U_\alpha$($U_\alpha$ 是信度临界线),则气温序列存在显著变化趋势。如果 UF_k 和 UB_k 两条曲线出现交点,且交点在临界线之间,则交点对应的时刻即为气温突变时间。

(2)R/S 分析(Rescaled Range Analysis)法

R/S 分析法利用 Hurst 指数 H,定量描述气温序列的持续性,计算公式为

$$\ln\left(\frac{R}{S}\right) = H \ln N + H \ln c \qquad (2\text{-}10)$$

式中,H 为 Hurst 指数;R 为极值差;S 为标准差;N 为时间步长;c 为常系数。

当 $H = 0.5$ 时,表示气温序列完全独立,是随机过程,未来变化趋势与过去无关;当 $0 < H < 0.5$ 时,表示气温序列未来变化趋势与过去相反,H 越小,反持续性越强;当 $0.5 < H < 1$ 时,意味着气温序列未来变化与过去一致,H 越大,持续性越强。

(3)各类典型年划分依据

参照《暖冬等级》(GB/T 21983—2008),将冬季平均气温概率密度进行划分,相应得到强冷年、弱冷年、平冬年、弱暖年、强暖年。冷暖冬标准见表 2-1。

表 2-1 冷暖冬标准

等级指标	等级名称
$\Delta T \leqslant -1.29\delta$	单站强冷冬
$-1.29\delta \leqslant \Delta T \leqslant -0.43\delta$	单站弱冷冬
$-0.43\delta \leqslant \Delta T < 0.43\delta$	单站平冬年
$0.43\delta \leqslant \Delta T < 1.29\delta$	单站弱暖冬
$\Delta T \geqslant 1.29\delta$	单站强暖冬

注:ΔT 为距平;δ 为标准差。

（4）沿线地区寒潮同步性计算标准

依据各站点各类典型年划分,分别将强冷冬、弱冷冬、平冬年、弱暖冬和强暖冬依次赋值为−2、−1、0、1、2。同时,定义沿线 8 个站点各年份历史典型年赋值之和为指标 N,按指标 N 作为寒潮同步计算标准,见表 2-2。

表 2-2　寒潮同步计算标准

寒潮同步指标	寒潮同步名称
$N = -16$	同步强冷冬
$N = -8$	同步弱冷冬
$N = 0$	同步平冬年
$N = 8$	同步弱暖冬
$N = 16$	同步强暖冬
$-16 \leqslant N \leqslant -8$	同步冷冬年
$8 \leqslant N \leqslant 16$	同步暖冬年

2.2　各站点冬季气温变化特性分析

2.2.1　各站点冬季气温变化趋势分析

工程沿线各站点冬季平均气温变化趋势见图 2-1,M-K 趋势检验法及 R/S 分析法结果见表 2-3。图 2-1 直观反映出各站点冬季气温变化情况,不同年代大致均呈现出升—降—升—降—升的交替变化,但总体趋势均呈现升温趋势。结合图 2-1 和表 2-3,工程沿线多年冬季平均气温自南至北整体呈现逐渐降低规律,20 世纪 90 年代气候均值均高于 90 年代前,其中邢台站和石家庄站两地冬季气温由 90 年代前的低于 0 ℃升温至高于 0 ℃;工程沿线 8 个区域的 Z_c 均大于 0,显著性均大于 95%,表明工程沿线区域冬季均值气温均呈显著上升趋势,Hurst 指数均明显大于 0.5,表明今后一段时间内,总干渠沿线地区冬季平均气温将保持这种上升趋势。

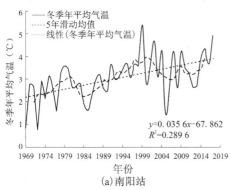
(a)南阳站

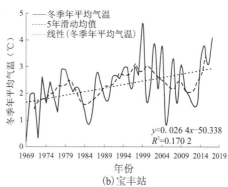
(b)宝丰站

图 2-1　工程沿线各站点冬季平均气温变化趋势

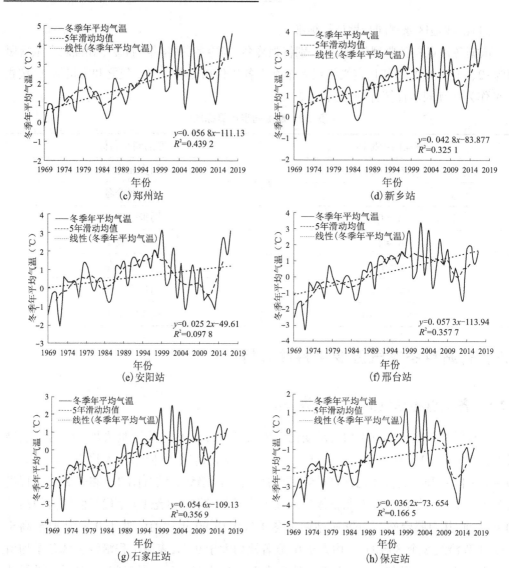

续图 2-1

表 2-3 各站点冬季气温 M-K 趋势检验法及 R/S 分析法结果

站点	总平均值（℃）	20世纪70年代至80年代平均值（℃）	20世纪90年代至21世纪10年代平均值（℃）	趋势	Z_c值	$Z_{c(\alpha/2)}$值	显著性（%）	Hurst指数
南阳站	3.05	2.57	3.47	上升	3.87	2.32	99	0.871 9
宝丰站	2.30	1.87	2.63	上升	2.57	2.32	99	0.795 7
郑州站	1.98	1.16	2.60	上升	4.98	2.32	99	0.864 7
新乡站	1.52	0.85	2.02	上升	2.28	1.64	95	0.852 9

续表 2-3

站点	总平均值（℃）	20 世纪 70 年代至 80 年代平均值（℃）	20 世纪 90 年代至 21 世纪 10 年代平均值（℃）	趋势	Z_c 值	$Z_{c(\alpha/2)}$ 值	显著性（%）	Hurst 指数
安阳站	0.63	0.18	0.96	上升	2.06	1.64	95	0.861 8
邢台站	0.27	−0.69	0.99	上升	4.58	2.32	99	0.893 9
石家庄站	−0.31	−1.21	0.36	上升	4.49	2.32	99	0.890 6
保定站	−1.49	−2.23	−0.93	上升	3.30	2.32	99	0.935 2

2.2.2　各站点冬季气温突变分析

经 M-K 突变检验得到 8 个站点冬季平均气温突变情况，见图 2-2。由图 2-2 可见，各站点 UF 曲线均超过 0.05 临界线甚至超过 0.001 显著性水平（$U_{0.001}=2.56$），可见沿线各站点升温趋势显著。其中，除邢台站曲线相交于信度线，无明显突变点外，其余站点均存在历史气温突变现象，但突变年份具有一定的差异性，见表 2-4。由表 2-4 可见，除宝丰站与安阳站外，余下 5 站均只经历一次气温升温突变；8 个站点突变主要发生在 20 世纪 90 年代初期以前，可将 90 年代作为划分沿线气温突变的节点。安阳站共经历了 4 次气温突变，包括近十年的两次突变，表明气温受南北两侧气温环境影响，具有一定的波动不稳定性，可将安阳作为工程沿线南北段分界点。

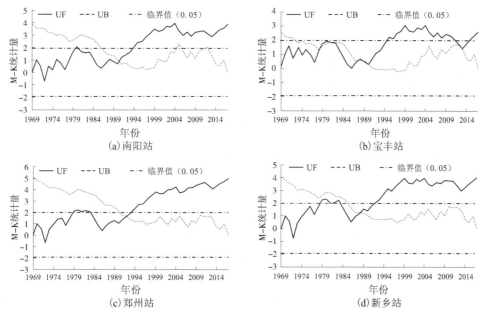

图 2-2　各站点冬季平均气温 M-K 突变检验

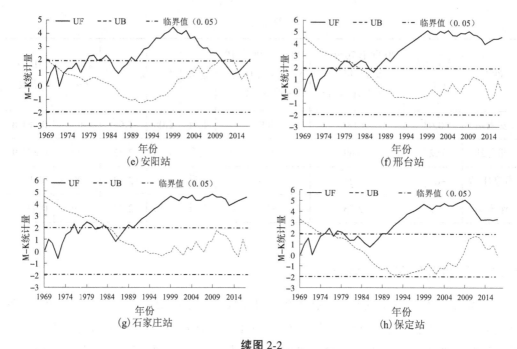

续图 2-2

表 2-4 各站点突变年份

站点	突变年份	突变点类型	站点	突变年份	突变点类型
南阳站	1990	均值升高突变点		1971	均值降低突变点
宝丰站	1978	均值升高突变点	安阳站	1973	均值升高突变点
	1981	均值降低突变点		2010	均值降低突变点
	1988	均值升高突变点		2014	均值升高突变点
	2013	均值升高突变点	邢台站	—	—
郑州站	1992	均值升高突变点	石家庄站	1987	均值升高突变点
新乡站	1989	均值升高突变点	保定站	1977	均值升高突变点

2.3 各站点冬季气温寒潮同步性分析

2.3.1 各站点典型年划分

依照《暖冬等级》(GB/T 21983—2008)将 8 个站点按气温突变年代前后进行划分,五种典型年发生概率如表 2-5 所示。由表 2-5 可见:20 世纪 70 年代至 80 年代,除安阳地区有 40% 的冷冬和 25% 的暖冬概率外,各站点冷冬概率处于 60%~75%,暖冬概率均低于15%,平冬年发生概率相近于强冷冬或者弱冷冬发生概率;经 80 年代后至 90 年代初气温突变后,在 20 世纪 90 年代至 21 世纪 10 年代,各站点暖冬概率均不低于 46.43%,除安阳站有 35.72% 的冷冬外，各站点冷冬概率低于 25%，平冬年发生概率与 90 年代前相近，但不小于两类冷冬发生概率之和，也体现了 8 个站点历史冬季气温上升趋势。整体而言，工程沿线 8 个地区近 50 年强冷冬与强暖冬概率均在 14.29%～18.37%，表明站点间极端典型气象条件差异性较小。

表 2-5　各站点各类典型年发生概率

站点	时间	概率（%）				
		强冷冬	弱冷冬	平冬年	弱暖冬	强暖冬
南阳站	20 世纪 70 年代至 80 年代	30.00	30.00	30.00	10.00	0
	20 世纪 90 年代至 21 世纪 10 年代	3.57	17.86	21.43	28.57	28.57
	1969～2017 年	16.33	22.45	24.49	20.41	16.33
宝丰站	20 世纪 70 年代至 80 年代	25.00	40.00	20.00	15.00	0
	20 世纪 90 年代至 21 世纪 10 年代	7.14	17.86	14.29	28.57	32.14
	1969～2017 年	16.33	26.53	16.33	22.45	18.37
郑州站	20 世纪 70 年代至 80 年代	25.00	45.00	20.00	10.00	0
	20 世纪 90 年代至 21 世纪 10 年代	3.57	7.14	39.29	17.86	32.14
	1969～2017 年	14.29	22.45	30.61	14.29	18.37
新乡站	20 世纪 70 年代至 80 年代	30.00	30.00	30.00	10.00	0
	20 世纪 90 年代至 21 世纪 10 年代	7.14	14.29	28.57	21.43	28.57
	1969～2017 年	18.37	20.41	28.57	16.33	16.33
安阳站	20 世纪 70 年代至 80 年代	15.00	25.00	35.00	25.00	0
	20 世纪 90 年代至 21 世纪 10 年代	17.86	17.86	3.57	28.57	32.14
	1969～2017 年	18.37	20.41	16.33	26.53	18.37

续表 2-5

站点	时间	概率(%)				
		强冷冬	弱冷冬	平冬年	弱暖冬	强暖冬
邢台站	20 世纪 70 年代至 80 年代	30.00	45.00	25.00	0	0
	20 世纪 90 年代至 21 世纪 10 年代	3.57	14.29	17.86	39.29	25.00
	1969～2017 年	16.33	26.53	20.41	22.45	14.29
石家庄站	20 世纪 70 年代至 80 年代	30.00	35.00	25.00	10.00	0
	20 世纪 90 年代至 21 世纪 10 年代	3.57	10.71	21.43	39.29	25.00
	1969～2017 年	16.33	20.41	22.45	26.53	14.29
保定站	20 世纪 70 年代至 80 年代	30.00	35.00	30.00	0.00	5.76
	20 世纪 90 年代至 21 世纪 10 年代	7.14	10.71	28.57	32.14	21.43
	1969～2017 年	18.37	20.41	28.57	18.37	14.29

2.3.2 南北地区寒潮同步性分析

8 个站点历史典型年分布情况见图 2-3。结果表明,20 世纪 90 年代以后,大于零散点明显增多,表明沿线气温逐步向暖冬靠拢。按指标 N 不同,各类典型年同步年份如表 2-6 所示。由表 2-6 可知,同步强冷冬和同步强暖冬比例较低,且同步强冷冬只发生在气温突变时间节点前,同步强暖冬只发生在气温突变时间节点后,且未出现同步平冬年;同步暖冬年和同步冷冬年分别占 20.41% 和 22.45%,工程沿线区域冬季冷暖冬气温同步性比例高达 42.86%,其中同步冷冬年除近期的 2013 年外,均发生在气温突变节点前,且出现 2 次连续 3～4 年同步冷冬现象,占比 64%,最大间隔为 4 年;气温突变节点后,每间隔 1～6 年将会出现同步暖冬现象,其中连续发生的比例为 30%。

上述分析表明南水北调中线工程总干渠沿线区域冬季典型气温具有一定的同步性与连续性,在制订冰期输水方案时需要考虑气温同步性与连续性的影响,尤其要加强同步冷冬年份的冰期输水安全预防与布置工作。同步冷冬年可能造成工程初冰时间提前、冰情范围扩大和冰情程度加剧,容易因对冰情预测考虑不足而造成工作被动或引起损失;对于同步暖冬年份,也可以充分利用气温特性,加大部门渠段输水流量,制订更为灵活的冰期输水方案,提高输水效益。

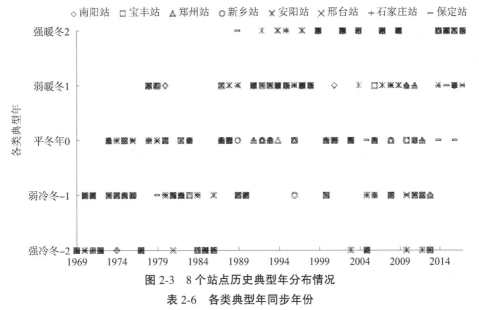

图 2-3　8 个站点历史典型年分布情况

表 2-6　各类典型年同步年份

序号	指标	比例（%）	年份
1	同步强冷冬	8.16	1969、1972、1977、1985
2	同步弱冷冬	2.04	1990
3	同步平冬年	0.00	—
4	同步弱暖冬	2.04	1998
5	同步强暖冬	4.08	1999、2002
6	同步冷冬年	22.45	1969、1970、1971、1972、1977、1981、1984、1985、1986、1990、2013
7	同步暖冬年	20.41	1995、1997、1998、1999、2002、2004、2007、2009、2015、2017

2.4　各站点冬季连续低温天数趋势分析

连续低温天数是冬季冰情生成及演变的重要原因之一,特对各站点冬季连续低温天数进行趋势分析。将日均气温不高于 0 ℃ 设定为低温天数统计条件,连续的低温天数称为一个低温段,若同一年份中两个不低于两天的低温段中间间隔不超过两天的非低温天数,则前后两段低温段与中间非低温天数视为一个连续的低温段。若同一年份中有多个低温段,则取最大时长低温段作为该年份低温段天数。图 2-4 为各站点低温天数变化趋势,表 2-7 为各站点连续低温天数 M-K 趋势检验法及 R/S 分析法结果。可知,各个站点内低温天数呈下降趋势,并且在未来一段时间内将继续保持下降状态,与前述各站点气温升高分析结果一致;北方站点低温天数下降显著性高于南方站点,且安阳站显著性最低,与前述安阳受南北两方气温影响分析结果一致;低温天数由南至北逐渐增加,南方站点呈线性增长,而北方站点呈指数型增长。由图 2-4 可看出,各站点均在 1977 年、1999 年等年份中同时具有较多的连续低温天数或较少的连续低温天数,表明各站点气温有一定的同步概率,与前述分析结果一致。虽然各站点内低温天数呈现下降趋势,但低温段持续天数由南至北增加,且加之一定的寒潮同步性,尤其需要加强北方各站点对寒潮天气对冰期输水影响的预防及相应策略的制定。

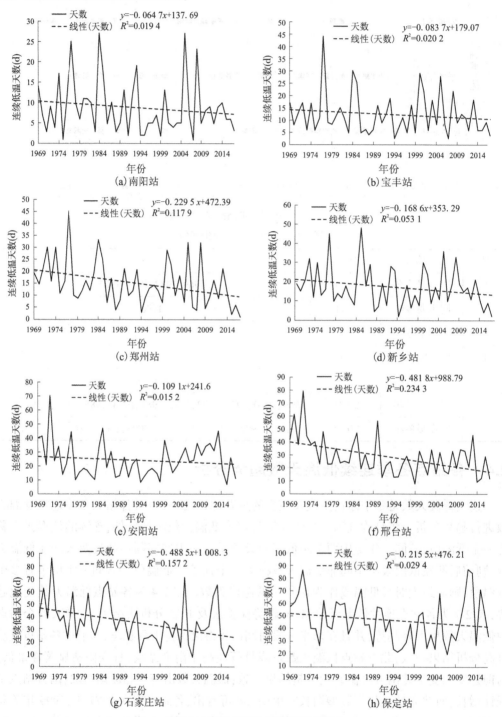

图 2-4　各站点低温天数变化趋势

表 2-7　各站点连续低温天数 M-K 趋势检验法与 R/S 分析法结果

站点	平均天数(d)	天数趋势	Z_c 值	显著性(%)	Hurst 指数	站点	平均天数(d)	天数趋势	Z_c 值	显著性(%)	Hurst 指数
南阳站	9	下降	-0.88	—	0.654	安阳站	24	下降	-0.11	—	0.801
宝丰站	12	下降	-1.03	—	0.651 9	邢台站	28	下降	-3.29	99	0.829 5
郑州站	15	下降	-2.70	99	0.702	石家庄站	35	下降	-3.40	99	0.783 2
新乡站	17	下降	-1.59	—	0.640 3	保定站	47	下降	-1.67	95	0.775 6

2.5　各站点连续最低七日气温分析

2.5.1　数据整理原则

在进行七日最低气温筛选时,首先在整个冬季找到最低 1 日气温,再分别向两边辐射出 3 日、5 日和 7 日气温,如图 2-5 所示,所筛选出的不同时段气温具有包含关系。

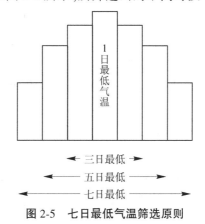

图 2-5　七日最低气温筛选原则

2.5.2　整理结果

整理南阳、宝丰、郑州、新乡、安阳、邢台、石家庄和保定等 8 个气象站 1968~2018 年的冬季七日最低气温逐年变化情况,如表 2-8 所示。

表 2-8　七日最低气温筛选结果　　　　　　　　　　　　　　（单位:℃）

冬季年份	南阳		宝丰		郑州		新乡		安阳		邢台		石家庄		保定	
	一天气温	七天气温	一天气温	七天气温	一天气温	七天气温	一天气温	七天气温	一天气温	七天气温	一天气温	七天气温	一天气温	七天气温	一天气温	七天气温
1968~1969	-9.40	-7.01	-12.2	-8.06	-7.70	-6.16	-8.00	-5.44	-9.50	-6.80	-12.3	-9.37	-13.4	-9.96	-12.1	-9.71

续表2-8

冬季年份	南阳		宝丰		郑州		新乡		安阳		邢台		石家庄		保定	
	一天气温	七天气温	一天气温	七天气温	一天气温	七天气温	一天气温	七天气温	一天气温	七天气温	一天气温	七天气温	一天气温	七天气温	一天气温	七天气温
1969~1970	-6.90	-2.56	-6.20	-2.01	-7.60	-3.29	-8.20	-4.11	-9.70	-5.21	-11.1	-7.07	-10.8	-6.14	-12.9	-8.84
1970~1971	-2.30	-0.40	-4.10	0.71	-4.80	-2.17	-4.40	-2.59	-5.50	-3.29	-7.70	-3.99	-9.60	-4.84	-9.80	-5.69
1971~1972	-5.50	-3.81	-5.80	-3.49	-9.40	-4.99	-9.70	-5.57	-10.3	-6.17	-13.0	-8.17	-11.3	-9.09	-12.1	-8.57
1972~1973	-2.10	-0.01	-2.70	-0.60	-3.00	-0.23	-3.40	-0.54	-3.90	-1.86	-4.80	-2.90	-6.70	-4.39	-10.6	-7.29
1973~1974	-4.20	-1.39	-5.90	-2.37	-6.40	-0.60	-5.40	-1.81	-5.40	-1.93	-6.90	-2.80	-7.90	-5.64	-7.80	-4.49
1974~1975	-0.80	0.44	-1.80	-0.59	-5.50	-3.54	-7.20	-3.60	-7.90	-4.83	-4.40	-2.40	-5.00	-3.20	-5.70	-3.89
1975~1976	-2.60	-1.61	-6.00	-3.16	-6.20	-3.94	-4.40	-2.36	-6.30	-3.19	-6.70	-4.10	-7.40	-4.70	-7.90	-5.96
1976~1977	-7.70	-4.54	-5.40	-3.54	-6.90	-5.21	-7.10	-5.50	-9.00	-6.67	-11.3	-8.53	-12.9	-9.74	-11.9	-9.04
1977~1978	-4.20	-1.00	-4.90	-1.26	-5.10	-2.01	-4.80	-2.80	-6.50	-3.63	-5.70	-4.31	-9.20	-2.03	-8.10	-7.06
1978~1979	-4.70	-2.57	-7.50	-3.86	-6.70	-3.81	-6.90	-4.46	-8.30	-5.41	-9.60	-6.50	-8.90	-6.87	-10.8	-8.23
1979~1980	-5.10	-2.10	-6.10	-3.37	-7.00	-3.43	-7.90	-3.76	-8.50	-4.74	-9.00	-5.37	-8.60	-6.96	-9.90	-6.69
1980~1981	-4.20	-2.59	-5.80	-3.16	-6.30	-4.20	-6.50	-4.14	-7.70	-5.24	-9.30	-6.50	-8.00	-6.01	-8.60	-5.71
1981~1982	-3.70	-0.94	-4.30	-1.13	-5.30	-2.27	-4.90	-2.46	-5.50	-2.63	-5.60	-4.60	-6.60	-5.41	-8.40	-6.63
1982~1983	-4.20	-1.17	-4.80	-1.66	-5.70	-1.41	-5.60	-2.17	-6.40	-1.89	-6.30	-2.63	-7.40	-4.46	-8.90	-5.39

续表2-8

冬季年份	南阳		宝丰		郑州		新乡		安阳		邢台		石家庄		保定	
	一天气温	七天气温	一天气温	七天气温	一天气温	七天气温	一天气温	七天气温	一天气温	七天气温	一天气温	七天气温	一天气温	七天气温	一天气温	七天气温
1983~1984	-4.70	-2.20	-4.40	-1.86	-4.80	-3.09	-4.40	-2.60	-5.50	-3.23	-6.30	-5.00	-7.90	-5.76	-8.30	-6.63
1984~1985	-6.70	-2.24	-8.90	-3.27	-7.40	-3.89	-6.40	-4.24	-7.80	-4.97	-7.80	-5.44	-8.00	-5.97	-8.40	-5.50
1985~1986	-4.70	-1.71	-5.80	-2.79	-6.50	-4.21	-7.30	-4.90	-8.20	-5.63	-9.00	-6.43	-11.9	-8.61	-11.6	-9.27
1986~1987	-6.00	-2.76	-3.50	-0.21	-5.70	-2.50	-5.70	-2.63	-7.20	-4.16	-9.10	-5.57	-10.3	-7.44	-9.70	-7.37
1987~1988	-1.40	1.30	-3.40	-0.11	-4.10	-0.31	-4.20	-0.71	-5.00	-1.69	-6.00	-2.63	-7.50	-3.91	-7.60	-4.19
1988~1989	-4.10	-0.70	-5.10	-0.97	-6.30	-3.70	-3.90	-1.93	-4.90	-3.01	-5.00	-3.33	-5.80	-4.07	-6.00	-4.41
1989~1990	-8.10	-3.96	-8.50	-4.99	-8.90	-5.31	-9.10	-5.23	-9.40	-5.94	-9.10	-6.77	-9.50	-7.51	-9.80	-7.76
1990~1991	-1.40	1.41	-3.80	0.06	-4.60	-2.77	-4.00	-2.70	-4.30	-3.03	-4.60	-3.57	-6.40	-2.83	-5.60	-2.93
1991~1992	-10.30	-6.57	-6.20	-4.49	-6.10	-4.41	-5.10	-3.79	-5.30	-3.64	-5.80	-3.77	-6.90	-4.10	-6.70	-4.86
1992~1993	-5.00	-3.33	-4.60	-3.93	-9.60	-6.06	-5.40	-4.76	-7.60	-6.59	-6.90	-5.96	-8.50	-7.69	-9.80	-8.33
1993~1994	-3.10	-0.34	-2.10	0.40	-2.40	0.26	-3.00	-0.57	-3.50	-1.26	-4.20	-2.17	-6.10	-1.60	-6.90	-3.61
1994~1995	-1.40	0.13	-3.20	-1.06	-3.80	-1.61	-2.70	-1.26	-2.80	-1.11	-4.90	-3.20	-7.40	-4.71	-7.90	-5.04
1995~1996	-2.40	-0.51	-5.40	-2.13	-5.20	-2.76	-3.60	-2.14	-3.60	-1.69	-4.00	-2.16	-4.70	-3.09	-5.50	-3.84
1996~1997	-3.30	-0.96	-5.30	-0.93	-5.10	-3.16	-5.00	-3.54	-6.10	-4.24	-6.60	-4.94	-8.10	-6.01	-9.80	-7.56

续表 2-8

冬季年份	南阳		宝丰		郑州		新乡		安阳		邢台		石家庄		保定	
	一天气温	七天气温	一天气温	七天气温	一天气温	七天气温	一天气温	七天气温	一天气温	七天气温	一天气温	七天气温	一天气温	七天气温	一天气温	七天气温
1997~1998	-4.80	-2.76	-5.20	-3.77	-5.50	-4.04	-5.20	-4.01	-6.60	-4.99	-7.70	-5.73	-8.40	-5.66	-8.70	-6.34
1998~1999	-1.90	1.40	-2.50	0.90	-3.30	0.11	-3.10	-0.46	-4.40	-1.66	-4.10	-3.17	-4.90	-3.94	-5.50	-4.30
1999~2000	-3.90	-2.04	-4.30	-3.09	-5.60	-2.63	-6.20	-4.47	-7.10	-6.07	-6.90	-5.87	-8.80	-6.49	-9.50	-7.63
2000~2001	-2.20	0.00	-6.50	-2.21	-5.10	-3.57	-5.90	-4.44	-7.50	-6.17	-8.30	-6.53	-9.60	-8.33	-12.5	-9.71
2001~2002	-2.60	-0.50	-4.10	-1.34	-3.80	-1.13	-2.90	-1.80	-3.60	-2.14	-3.10	-2.00	-3.40	-2.17	-4.30	-3.13
2002~2003	-3.90	-1.13	-5.10	-2.26	-5.10	-2.74	-7.40	-3.44	-10.3	-7.07	-8.70	-6.11	-8.10	-6.36	-9.10	-7.36
2003~2004	-2.10	0.06	-3.30	-1.60	-3.10	-1.47	-4.70	-2.66	-7.00	-4.51	-5.70	-2.67	-6.30	-3.70	-8.40	-4.47
2004~2005	-6.00	-3.21	-4.70	-3.31	-6.00	-3.70	-5.70	-3.74	-9.90	-7.04	-7.30	-5.56	-7.80	-6.33	-7.30	-6.47
2005~2006	-2.50	-0.89	-3.10	-0.09	-3.60	-0.87	-4.20	-1.86	-5.30	-3.16	-6.00	-2.03	-6.80	-2.64	-9.00	-4.59
2006~2007	-1.50	0.69	-1.10	-0.37	-1.00	-0.13	-2.20	-0.97	-4.70	-2.39	-3.70	-2.53	-5.10	-3.47	-7.30	-4.70
2007~2008	-4.30	-3.10	-5.20	-3.17	-4.20	-2.97	-4.10	-2.90	-7.10	-5.17	-5.70	-4.61	-5.80	-4.64	-5.40	-4.64
2008~2009	-3.50	1.01	-4.90	-0.06	-5.10	-0.01	-5.20	0.33	-8.40	-3.06	-6.60	-0.30	-7.20	-1.10	-10.3	-6.46
2009~2010	-2.70	-1.37	-4.90	-3.34	-5.10	-3.69	-6.10	-4.96	-8.70	-6.69	-8.20	-6.61	-8.40	-7.26	-11.2	-8.89
2010~2011	-2.30	-0.91	-5.80	-2.57	-4.20	-2.10	-6.10	-3.76	-7.30	-5.40	-4.70	-4.23	-5.70	-4.93	-9.80	-8.23

续表 2-8

冬季年份	南阳		宝丰		郑州		新乡		安阳		邢台		石家庄		保定	
	一天气温	七天气温	一天气温	七天气温	一天气温	七天气温	一天气温	七天气温	一天气温	七天气温	一天气温	七天气温	一天气温	七天气温	一天气温	七天气温
2011~2012	-3.50	-1.09	-3.60	-1.44	-3.50	-1.23	-3.90	-1.87	-5.90	-3.63	-5.90	-2.79	-5.80	-2.93	-10.3	-6.46
2012~2013	-3.90	-1.31	-5.50	-2.70	-4.40	-2.67	-5.60	-3.46	-8.00	-5.16	-6.80	-5.36	-8.10	-6.17	-11.5	-9.59
2013~2014	-3.70	-1.94	-5.30	-2.71	-4.10	-1.85	-4.70	-2.56	-6.60	-3.79	-5.20	-2.67	-4.60	-2.94	-6.50	-4.14
2014~2015	-3.90	-1.20	-2.80	-0.64	-1.90	-0.26	-1.30	0.04	-1.90	1.07	-2.80	-1.70	-2.80	-0.10	-5.30	-0.94
2015~2016	-4.50	-1.84	-5.30	-2.07	-5.70	-1.99	-6.10	-2.87	-9.50	-4.47	-10.0	-5.90	-9.40	-5.81	-12.4	-7.37
2016~2017	-1.20	1.09	-1.60	0.74	-0.90	1.46	-1.70	0.86	-2.80	0.49	-3.80	-2.63	-4.30	-2.63	-6.40	-2.93
最小	-10.3	-7.01	-12.2	-8.06	-9.60	-6.16	-9.70	-5.57	-10.3	-7.07	-13.0	-9.37	-13.4	-9.96	-12.9	-9.71
最大	-0.80	1.41	-1.10	0.90	-0.90	1.46	-1.30	0.86	-1.90	1.07	-2.80	-0.30	-2.80	-0.10	-4.30	-0.94
平均	-3.88	-1.40	-4.76	-1.96	-5.11	-2.48	-5.13	-2.79	-6.47	-3.85	-6.67	-4.33	-7.47	-4.99	-8.61	-6.02

2.5.3　趋势分析

由表 2-9 可知,8 个站点冬季平均气温及低温周气温由南至北逐渐降低,且各个站点均呈现最低气温<三日低温<五日低温<七日低温<冬季均温的特点,表明各个站点内气温在逐渐升高。

多时间尺度上,各站点几乎都呈上升趋势,但趋势大小存在区域差异。从工程整体看,各个站点冬季均温都呈现显著升温趋势,并且 Hurst 指数均明显高于 0.5,表明工程沿线冬季气温未来将呈现显著升温状态。除安阳站外,各站点最低气温均呈显著升温状态,也从一定程度上反映工程全线冬季气温的升温趋势。安阳站和宝丰站在低温周均呈现不同程度的不显著升温趋势,宝丰站五日低温与七日低温均未通过显著性,且除最低气温外,Hurst 指数均略低于 0.5;而安阳站低温周波动幅度较大,均呈现无显著升温趋势,但 Hurst 指数均高于 0.5,表明安阳站未来低温周将呈现上升趋势,但并不显著。除安阳站与宝丰站外,其余站点平均气温与低温周均通过了 90% 的升温显著性,且除新乡站五日低温外,其余各站点 Hurst 指数均高于 0.5,表明以上 6 站点未来存在明显的升温趋势,其中,郑州站与石家庄站升温趋势最为显著,平均气温与低温周均通过了 99% 的升温显著性。

表 2-9　各站点 M-K 趋势检验结果与 Hurst 指数

站点		冬季均温	最低气温	三日低温	五日低温	七日低温
南阳站	平均气温(℃)	3.05	−3.98	−2.84	−2.09	−1.49
	线性增幅(℃)	0.356	0.451	0.042	0.406	0.371
	M-K 显著性	▲,99%	▲,95%	▲,95%	▲,95%	▲,90%
	Hurst 指数	0.871 9	0.6	0.603	0.581 5	0.596
宝丰站	平均气温(℃)	2.30	−4.87	−3.56	−2.68	−2.02
	线性增幅(℃)	0.264	0.454	0.356	0.271	0.254
	M-K 显著性	▲,99%	▲,95%	▲,90%	△	△
	Hurst 指数	0.795 7	0.571 7	0.499 3	0.458 9	0.446
郑州站	平均气温(℃)	1.98	−5.21	−3.99	−3.17	−2.58
	线性增幅(℃)	0.568	0.728	0.583	0.504	0.5
	M-K 显著性	▲,99%	▲,99%	▲,99%	▲,99%	▲,99%
	Hurst 指数	0.864 7	0.839 5	0.609 5	0.598 7	0.642 5
新乡站	平均气温(℃)	1.52	−5.23	−4.20	−3.41	−2.88
	线性增幅(℃)	0.428	0.561	0.466	0.324	0.371
	M-K 显著性	▲,95%	▲,99%	▲,99%	▲,90%	▲,95%
	Hurst 指数	0.852 9	0.778 9	0.638 8	0.473 7	0.528 8
安阳站	平均气温(℃)	0.63	−6.62	−5.41	−4.54	−3.97
	线性增幅(℃)	0.252	0.27	0.227	0.218	0.187
	M-K 显著性	▲,95%	△	△	△	△
	Hurst 指数	0.861 8	0.737 9	0.633 5	0.546 9	0.591
邢台站	平均气温(℃)	0.27	−6.82	−5.82	−4.99	−4.47
	线性增幅(℃)	0.573	0.73	0.671	0.566	0.495
	M-K 显著性	▲,99%	▲,99%	▲,99%	▲,99%	▲,95%
	Hurst 指数	0.893 9	0.736 2	0.721 8	0.635 5	0.586
石家庄站	平均气温(℃)	−0.31	−7.63	−6.51	−5.63	−5.11
	线性增幅(℃)	0.546	0.839	0.776	0.705	0.614
	M-K 显著性	▲,99%	▲,99%	▲,99%	▲,99%	▲,99%
	Hurst 指数	0.890 6	0.714 5	0.706 6	0.656 3	0.660 5

续表 2-9

站点		冬季均温	最低气温	三日低温	五日低温	七日低温
保定站	平均气温(℃)	−1.49	−8.77	−7.65	−6.67	−6.18
	线性增幅(℃)	0.362	0.347	0.354	0.312	0.352
	M−K 显著性	▲,99%	▲,90%	▲,95%	▲,90%	▲,90%
	Hurst 指数	0.935 2	0.715 2	0.660 2	0.630 1	0.638 6

注:正三角形表示升温趋势,实心表示趋势显著,百分比表示显著性程度。

2.6　综合分析

利用 M−K 检测等方法,通过分析 1969~2017 年南水北调中线工程总干渠沿线 8 个站点的冬季气温变化趋势、突变、冬季典型年判定、同步性与连续低温天数等得到以下结论:

(1)总干渠沿线冬季多年平均气温由南至北逐步降低,每个站点均呈现显著升温状态。一段时间内,沿线地区冬季平均气温将保持显著升温趋势。

(2)可以将 20 世纪 90 年代作为 8 个站点冬季平均气温突变的时间节点,以安阳地区作为划分南水北调中线工程南北段的空间节点。

(3)近 50 年,工程沿线两类极端天气发生概率相近,冬季平均气温突变后,暖冬年比例增多,冷冬年比例减小,平冬年比例变化最小。

(4)近 50 年,8 站同步强冷冬和强暖冬比例约为 12%,但同步冷冬和同步暖冬比例却高达 43%,表明工程沿线冬季气温发生同步性概率较大,在工程运行阶段,尤其在同步冷冬年份可能造成工程初冰时间提前、冰情范围扩大和冰情程度加剧时,需要引起运行管理部门的重视。

(5)工程沿线北方站点比南方站点呈现更为显著的连续低温递减趋势,但北方各站点冬季经历较长的连续低温时段,并加持一定的寒潮同步性,将会引起复杂的串联渠池冰情演变,需要注意加强冰情防控策略,制订合理的冰期输水调度方案。

第 3 章

南水北调中线干线工程冰情模拟与调度模型建立与检验

3.1 控制方程

3.1.1 非恒定流模块

模型采用明渠非恒定流方程模拟渠系在冰期和非冰期的水力响应,控制方程如下:

连续方程:

$$B\frac{\partial Z}{\partial t} + \frac{\partial Q}{\partial x} = q \tag{3-1}$$

动量方程:

$$\frac{\partial Q}{\partial t} + \frac{2Q}{A}\frac{\partial Q}{\partial x} + \left(gA - \frac{BQ^2}{A^2}\right)\frac{\partial Z}{\partial x} = q(v_{qs} - u) + \frac{BQ^2}{A^2}\left(s + \frac{1}{B}\frac{\partial A}{\partial x}\mid_h\right) - \frac{gQ^2}{AC^2R} \tag{3-2}$$

式中,Z 为水位,m;h 为水深,m;Q 为流量, m³/s;B 为水面宽,m;A 为过水断面面积,m²;C 为谢才系数;t 为时间变量;x 为空间变量;S 为渠道底坡;g 为重力加速度, m/s²;R 为水力半径,m;q 为区间入流量, m³/s;v_{qs} 为侧向入流在水流方向的平均流速, m/s,常忽略不计;u 为水流沿轴线方向的流速, m/s。对于棱柱形渠道 $\frac{1}{B}\frac{\partial A}{\partial x}\mid_h = 0$。

当渠道内形成浮动冰盖,有冰盖部分的渠道湿周和糙率均包含冰盖的影响。浮动冰盖下渠道非恒定流模拟在忽略相变影响条件下,依然采用明渠非恒定流控制方程,但不同的是在渠道被冰盖覆盖时的水位 Z 是指测压管水头水位,水深为 $h = Z - Z_b - (\rho_i/\rho)h_i$,其中 Z_b 为渠底高程,ρ_i 和 ρ 分别为冰和水的密度,h_i 为冰盖厚度。过流断面面积为 $A = (b + mh)h$,b 和 m 分别为梯形断面的底宽和边坡。湿周为 $P_c = P_i + P_b$。糙率 n_c 则包含冰盖下表面糙率(n_i)和渠道糙率(n_b)两部分,此处采用 $n_c = \left(\frac{n_i^{3/2} + n_b^{3/2}}{2}\right)^{2/3}$ 计算,其中冰盖糙率 n_i 为时变量,呈指数衰减,表示为 $n_i = n_{ie} + (n_{ii} - n_{ie})e^{-kt}$,$n_{ii}$ 为初生冰盖的糙率,n_{ie} 为冰盖融化前的糙率,k 为冰盖糙率衰减系数。

3.1.2 水温计算

模型忽略了渠底对水温的影响,采用对流方程描述水温变化过程如式(3-3)所示:

$$\frac{DT_\mathrm{w}}{Dt} = -\frac{\varphi}{\rho C_p D} \tag{3-3}$$

式中,C_p 为水的比热,$\mathrm{J/(kg \cdot ℃)}$;T_w 为断面平均水温,$℃$;φ 为单位时间内的水体放热量,$\mathrm{W/m^2}$;ρ 为水密度,$\mathrm{kg/m^3}$;D 为断面平均水深,m。

(1)当渠道为明渠时,水体热交换存在于水面与大气间:

$$\varphi = \varphi_\mathrm{wa} = h_\mathrm{w}(T_\mathrm{w} - T_\mathrm{a}) \tag{3-4}$$

式中,φ_wa 为水面与大气间的热交换量,$\mathrm{W/m^2}$;h_w 为水面与大气间的热量交换系数,$\mathrm{W/(m^2 \cdot ℃)}$;T_a 为气温,$℃$。

(2)当水面完全封冻后,水体放热量全部转化为冰盖厚度变化量,假设热交换仅存在于冰体下表面与水体间:

$$\varphi = \varphi_\mathrm{wi} = -h_\mathrm{wiw} T_\mathrm{w} \tag{3-5}$$

$$h_\mathrm{wiw} = \kappa 1\,622 u^{0.8} h^{0.2} \tag{3-6}$$

式中,φ_wi 为水与冰盖下表面间的热交换量,$\mathrm{W/m^2}$;h_wiw 为冰盖下表面与水之间的热量交换系数,$\mathrm{W/(m^2 \cdot ℃)}$;κ 为经验系数。

(3)当水面处于流冰或部分封冻时,水体放热量考虑水面与冰面两种热交换形式:

$$\varphi = (1-C_\mathrm{a})\varphi_\mathrm{wa} + C_\mathrm{a}(\varphi_\mathrm{ia} + \varphi_\mathrm{wi}) \tag{3-7}$$

$$\varphi_\mathrm{ia} = h_\mathrm{wai}(T_\mathrm{is} - T_\mathrm{a}) \tag{3-8}$$

$$T_\mathrm{is} = \frac{h_\mathrm{i}}{h_\mathrm{i} + \Delta h_1} T_\mathrm{a} \tag{3-9}$$

式中,C_a 为面流冰密度,$\%$;φ_ia 为冰面与大气间的热交换量,$\mathrm{W/m^2}$;T_is 为冰盖上表面温度,$℃$;h_i 为冰盖厚度,m;Δh_1 为虚拟冰盖厚度,m;h_wai 为水面与大气间的热量交换系数,$\mathrm{W/(m^2 \cdot ℃)}$。

当水体过冷时,产生冰花,用水体含冰浓度表示为

$$C_\mathrm{i} = \frac{-\rho C_p T_\mathrm{w}}{\rho_\mathrm{i} L_\mathrm{i}} \tag{3-10}$$

式中,ρ_i 为冰密度,$\mathrm{kg/m^3}$;L_i 为冰潜热,$\mathrm{J/kg}$。

用冰花浓度对流方程表征流冰随流运动情况,为

$$\frac{\partial C_\mathrm{i}}{\partial t} + u\frac{\partial C_\mathrm{i}}{\partial x} = \frac{C_\mathrm{a}(\varphi_\mathrm{ia} - h_\mathrm{wiw} T_\mathrm{w}) + (1-C_\mathrm{a})\varphi_\mathrm{wa}}{\rho_\mathrm{i} L_\mathrm{i} D} \tag{3-11}$$

3.1.3 封冻及冰盖厚度计算

模型设定:

(1)在冰量满足 $C_\mathrm{a} \geqslant 80\%$ 时,渠道断面封冻形成初始冰盖。

（2）若弗汝德数小于 0.06，且流速小于 0.5 m/s，渠道以平封方式封冻。

（3）若弗汝德数大于 0.06 或流速大于 0.5 m/s 时，渠道以立封方式封冻，主要是冰花下潜输移，在封冻判定指标小于上述临界值的地方吸附到冰盖下表面。

（4）节制闸过水不过冰。

在封冻后，主要是冰盖厚度变化模拟。考虑气温、水温对冰盖厚度的影响，得到一个时间段内的冰盖厚度变化情况如：

$$\Delta h_i = \frac{(\varphi_{ia} + \varphi_{wi})\Delta t}{\rho_i L_i} \qquad (3\text{-}12)$$

式中，Δh_i 为 Δt 时段内的冰厚变化量，m。

若冰盖上表面被雪层覆盖，假设雪层上表面与大气间的热量交换仅造成雪层厚度变化，冰盖厚度变化仅受水温影响。

$$\Delta h_i = \frac{(\varphi_{wi})\Delta t}{\rho_i L_i}$$

$$\Delta h_{snow} = \frac{(\alpha\varphi_{as})\Delta t}{\rho_{snow} L_i} \qquad (3\text{-}13)$$

$$\varphi_{as} = \alpha h_{wai}(T_{ss} - T_a)$$

$$T_{ss} = \frac{h_i + \rho_s/\rho_i h_{snow}}{h_i + \Delta h_1 + \rho_0/\rho_i h_{6now}}$$

式中，Δh_{snow} 为 Δt 时段内的雪层厚变化量，m；φ_{as} 为雪层上表面与大气间的热交换量，W/m^2；h_{snow} 为雪层厚度，m；ρ_{snow} 为雪密度，kg/m^3；α 为常系数；T_{ss} 为雪层上表面温度，℃。

3.1.4 闸门群调控模拟

模型在闸门调控阶段采用增量式 PI（Proportional Integral）反馈控制，闸门采用同步操作技术，闸门调控过程示意见图 3-1。

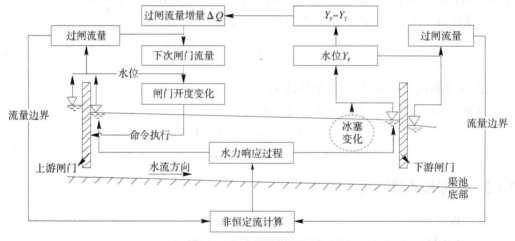

图 3-1 闸门调控过程示意

综上所述,得到渠系控制系统共分恒定流计算、反馈控制、闸门控制和非恒定流计算四个部分。模型模块化结构见图3-2。

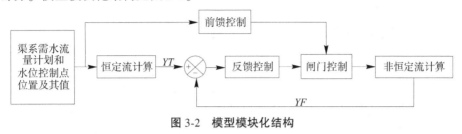

图 3-2 模型模块化结构

3.2 模型求解

本书所建模型的整体框架如图 3-3 所示,可实现冰情模拟、水情模拟和闸门群调控模拟。

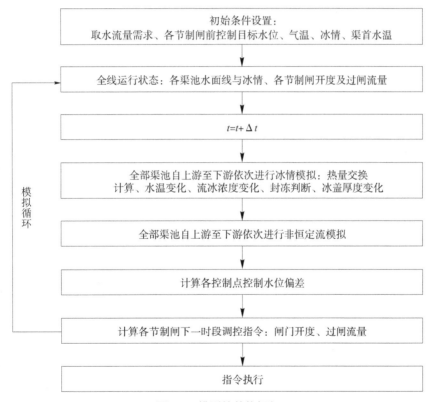

图 3-3 模型的整体框架

模型中圣维南方程组求解采用 preissmann 四点隐式差分进行离散求解,上下游采用双流量边界条件。

模型中水温控制方程和流冰浓度控制方程采用特征线法进行方程离散求解,通过设置时间步长和计算断面间距来保证离散格式的求解稳定性。渠首入渠水温为模型输入条件,其余各渠池首断面水温为上一渠池末端断面值;各渠池首断面流冰浓度为0。

3.3 模型参数率定

3.3.1 水温模拟参数率定

2015~2016 年冬季结冰范围在邢台,结冰范围较广,能够进行封冻范围、冰盖厚度的模拟参数率定,经试算,率定参数得到模拟结果,与实际冰情观测资料对比,认为模拟参数在水温变化过程、封冻时刻、冰盖厚度等方面均达到了一定的精度,但受冰盖厚度模拟精度影响,造成水温在融冰期模拟误差较大。参数率定水温效果见图 3-4,参数率定冰厚效果(局部实测对比)如图 3-5 所示。参数率定冰厚效果(大范围规律对比)如图 3-6 所示。

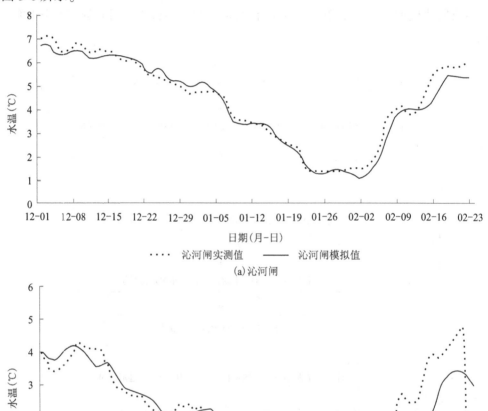

(a)沁河闸

(b)瀑河闸

图 3-4 参数率定水温效果

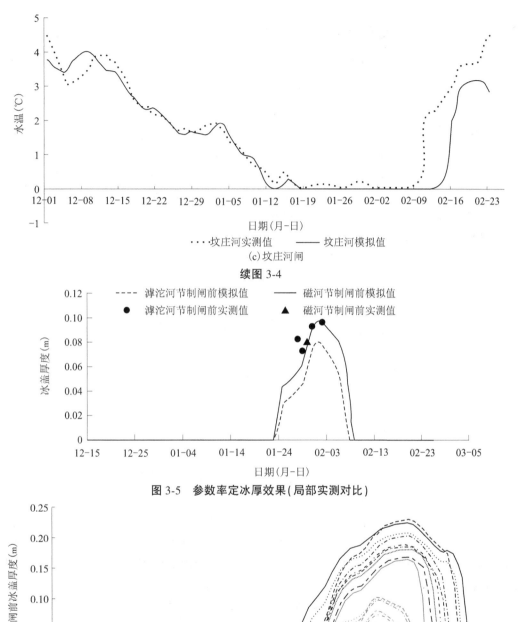

(c)坟庄河闸

续图 3-4

图 3-5 参数率定冰厚效果(局部实测对比)

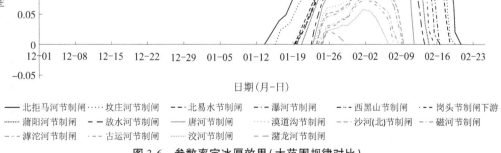

图 3-6 参数率定冰厚效果(大范围规律对比)

3.3.2 平封冰盖厚度模拟参数率定

因冰盖封冻时非平封冰盖厚度具有空间非均匀性,对参数率定具有一定的影响,因此继续利用完全平封冰盖工况对冰盖模拟参数进行率定。

3.3.2.1 案例背景

利用实测南水北调中线总干渠 2012 年 12 月至 2013 年 3 月冬季放水河节制闸闸前的实测冰盖厚度进行参数率定,气温采用同期唐县气象站公布数据。本实例中渠道输水流量约 7 m³/s,渠道弗汝德数与流速沿程分布(2012 年冬)如图 3-7 所示,Fr 远低于设定的冰花下潜临界值 0.06;流速也远低于临界流速 0.5 m/s,因此渠道封冻过程为平封,现场观测到渠道内冰盖上表面光滑、厚度空间分布均匀、下表面无冰花堆积,表明冰盖为平封冰盖,相关观测数据适用于分析冰盖条件下的热量交换参数;2013 年 1 月 20 日降雪造成冰面覆盖雪层厚度约 0.055 m;取 $\Delta h_1 = 0.056$ m。

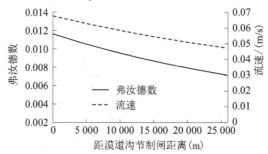

图 3-7 漠道沟节制闸至放水河节制闸间的渠道弗汝德数和流速沿程分布(2012 年冬)

3.3.2.2 冰盖厚度模拟参数取值优选

对参数 h_{wai}、κ 和 α 在一定范围内以误差最小为准则进行同步寻优,得到工况内 5 组最优参数方案,按 E_a 指标排序如表 3-1 所示。根据参数选取原则,在 E_b 相差不大的情况下,选择 E_a 最小的参数组合方案为最后结果。因此,参数方案 3 为较优方案,此时的冰盖厚度验证如图 3-8 所示。可见,模型及参数可模拟冰盖厚度的整体变化趋势,且具有一定的模拟精度,工况下的模拟误差为–6.9% ~ 6.1%;融冰阶段的模拟误差较大;降雪对模拟结果有影响,考虑降雪影响下的冰盖厚度模拟误差较小。

表 3-1 冰盖条件下的热交换参数取值

参数方案	$h_{wai}[\text{W}/(\text{m}^2 \cdot \text{℃}^{-1})]$	α	κ	E_a (cm)	E_b (cm)	E_c (cm)	E_d (cm)
4	26	0.43	0.25	2.23	6.79	0.68	2.39
1	26	0.35	0.24	1.82	6.72	0.67	1.99
2	26	0.34	0.24	1.18	6.74	0.67	1.89
5	26	0.26	0.23	0.64	6.79	0.68	1.76
3	26	0.25	0.23	0.21	6.79	0.67	1.86

注:h_{wai} 为冰面与大气间的热量交换系数;κ 和 α 均为经验系数;E_a 为累积误差;E_b 为累积绝对误差;E_c 为平均绝对误差;E_d 为最大绝对误差。

参数率定误差原因可能来自几个方面:冰盖厚度空间分布不均匀;冰盖厚度测量误差;模型模拟精度。

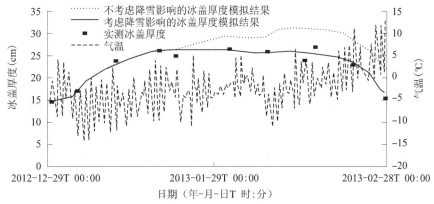

图 3-8 放水河节制闸前冰盖厚度验证

3.4 模型检验

针对 2017~2019 年 2 个冬季进行了总干渠沿线水温数值模拟,输入条件为各冬季汤河节制闸水温过程,沿线分水口分水流量,安阳、邢台、石家庄和保定等 4 个气象站的日均气温过程,得到中线总干渠安阳以北渠段整个冬季的冰情模拟结果,将代表性闸站水温、冰盖变化过程计算结果与实测数据进行比较。

水温冰厚复演结果、水温复演结果见图 3-9、图 3-10,通过结果比较发现:各典型年水温变化过程与实测数据整体趋势一致,综合误差较小,误差基本在±0.5 ℃范围内,偶尔出现最大误差约为±1 ℃的情况。

总体而言,所建总干渠水温和冰情数学模型在长距离、长时间、不同气温条件下的水温冰情模拟方面具有较好的计算精度和可靠性,可用于相关研究。

(1)2017~2018 年冬季。

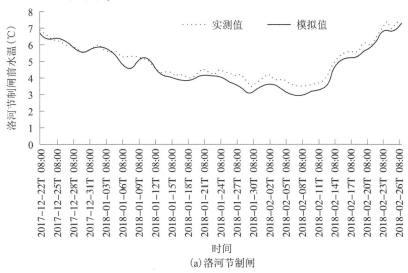

(a)洛河节制闸

图 3-9 水温冰厚复演结果

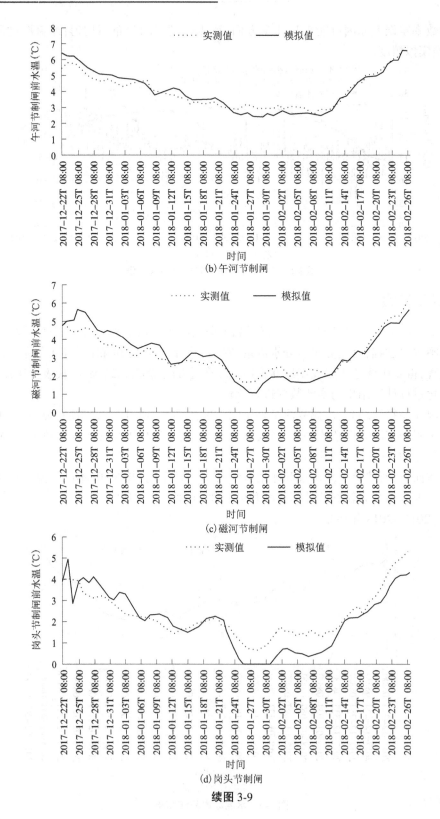

(b) 午河节制闸

(c) 磁河节制闸

(d) 岗头节制闸

续图 3-9

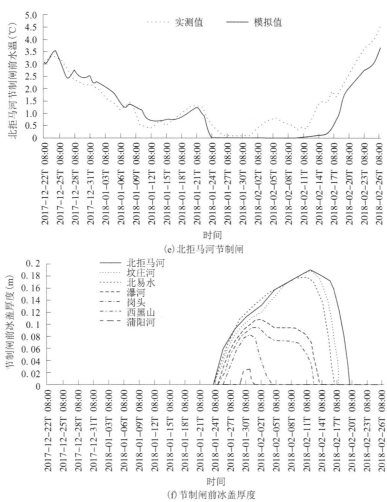

(e) 北拒马河节制闸

(f) 节制闸前冰盖厚度

续图 3-9

(2) 2018～2019 年冬季。

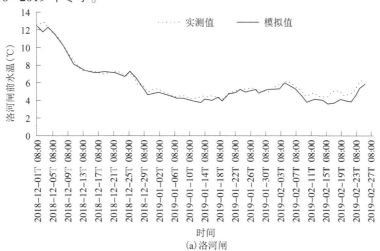

(a) 洛河闸

图 3-10 水温复演结果

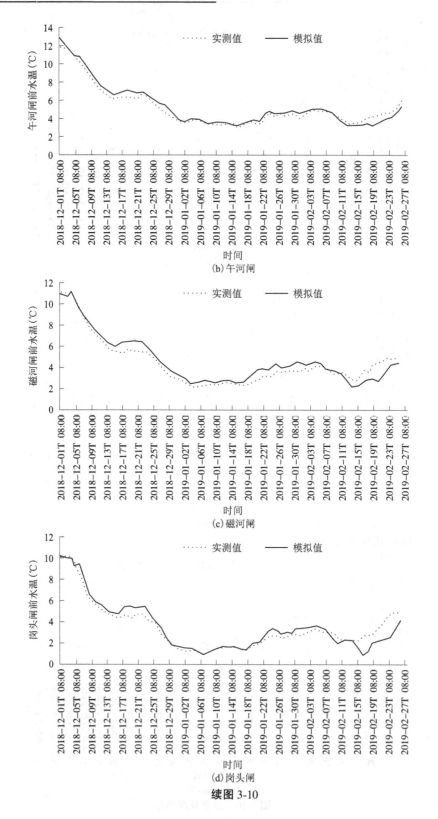

(b) 午河闸

(c) 磁河闸

(d) 岗头闸

续图 3-10

(e) 坟庄河闸

续图 3-10

（3）复演误差分析。

①模型为一维冰情模拟模型，具有一定的局限性，模型数值解法在长距离长时间的模拟方面存在累积误差。

②模型输入气象条件为地级市气象站气温数据，对工程实地气温过程的代表性有误差，气象站网稀少。

③实测数据为中线局水温监测系统导出值，存在测量误差。

④冰厚分布具有一定的空间不均匀分布性，而模拟结果为断面平均值。

因此，可以在持续不断优化模型、提高工程沿线气象站的气温代表性、缩短模拟范围、实行分段预测、提高实测数据监测质量等方面不断完善冰情预报模型的精准度。

第4章

南水北调中线干线工程冰情模拟与调度模型应用与分析

4.1 工程沿线地区冬季短期影响分析

以涉及冰情的安阳以北段的安阳、邢台、石家庄和保定气象站近50年长系列日均气温资料为基础进行分析,以七日气温作为分析对象进行短期气温分析。

4.1.1 短期气温影响效果对比

2016～2017年冬季最冷七日寒潮频率为95%,现将该冬季七日寒潮分别替换为2%、10%和50%频率寒潮,如图4-1所示。

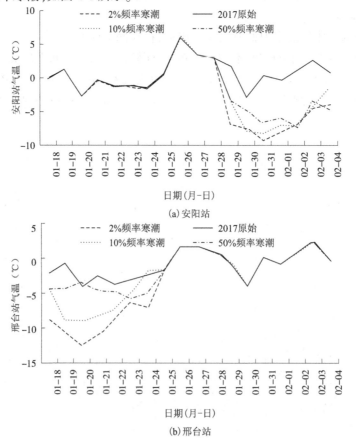

(a) 安阳站

(b) 邢台站

图4-1 七日寒潮对比示意

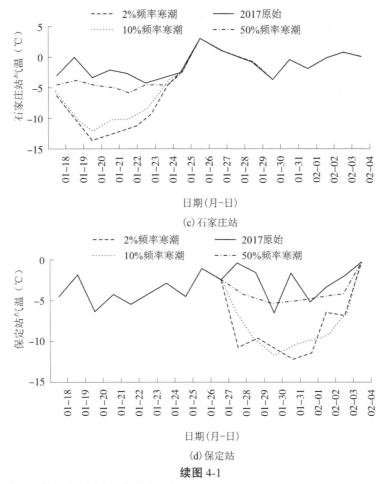

(c) 石家庄站

(d) 保定站

续图 4-1

经模拟分析,得到渠系封冻特性如下:

随着七日气温频率的减小,封冻范围大幅度增大,最大可扩展至古运河节制闸,此时的封冻段最大冰厚也达到了 18 cm,体现出短期气温过程对封冻的影响非常重要。相关观测资料也表明,渠道封冻主要受寒潮影响;从封冻特性上讲,封冻段都呈现空间短期同步封冻的特征。

水温对比、冰盖厚度对比如图 4-2、图 4-3 所示。

图 4-2 水温对比

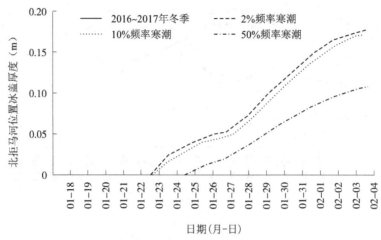

图 4-3　冰盖厚度对比

工程全线冰情对比如表 4-1 所示。

表 4-1　工程全线冰情对比

冰情特征	寒潮频率			
	2%	10%	50%	2016～2017 年实际
封冻范围	古运河节制闸下游渠池	磁河节制闸下游渠池	北易水节制闸下游渠池	坟庄河节制闸下游渠池
封冻时间	4～12 天	3～12 天	3～10 天	3～10 天
封冻特点	第七天同步封冻	第七天同步封冻	第七天同步封冻	第七天同步封冻

4.1.2　短期气温冰情影响规律预测

以 7 日作为短期气象特点,采用分析得到的不同频率下的七日最低寒潮,分析渠系封冻特性,提出寒潮可能造成的封冻范围、封冻冰厚和不封冻条件。

4.1.2.1　2017 年冬季输水流量状态

1.封冻特性与初始条件的关系

图 4-4~图 4-8 为 5 个典型七日寒潮作用下,渠系面对不同初始条件的封冻范围和封冻最大冰厚。

对于 2% 频率下的七日寒潮,初始水温越高,封冻渠段范围越小,封冻时刻越迟,且封冻单位内渠池间的封冻时刻差异较小,初始水温每增加 1 ℃,全部封冻渠段的封冻时刻整体推迟约 1 天;在冰盖厚度方面,因为封冻时刻相近,各地气温也相近,所有渠池间的最大冰盖厚度差异性也较小,且初始水温每降低 1 ℃,封冻渠池最大冰厚约减小 2 cm,七日寒潮造成的可能冰盖厚度范围为 1~14 cm。

随着寒潮频率增大,上述渠池间封冻时刻差异性逐渐明显,经统计封冻范围与初始水温的关系如表 4-2 所示。可以看出,初始水温与寒潮频率作用下的渠系封冻范围特性,如果渠系在 2 ℃ 水温时遭遇 98% 频率寒潮,全线均无封冻;若在 3 ℃ 水温时遭遇 50% 和70% 频率寒潮,也会造成全线无封冻;极端情况,在遭遇频率小于 10% 的寒潮时,即使水温达到 7 ℃,坟庄河节制闸下游渠段均会封冻。

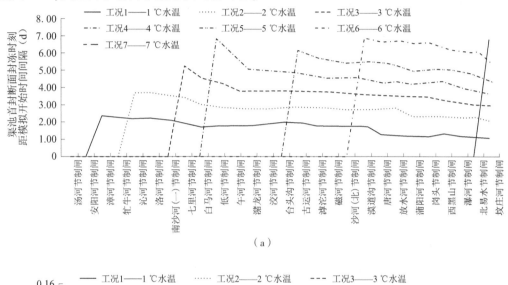

（a）

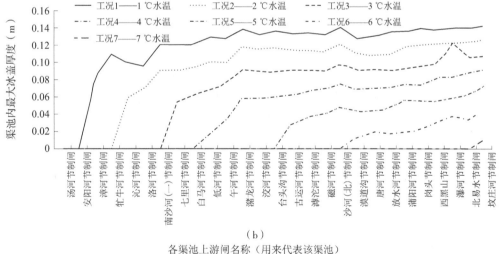

（b）

各渠池上游闸名称（用来代表该渠池）

图 4-4　渠系封冻特性与初始条件的关系（1968~1969 年最低七日寒潮）

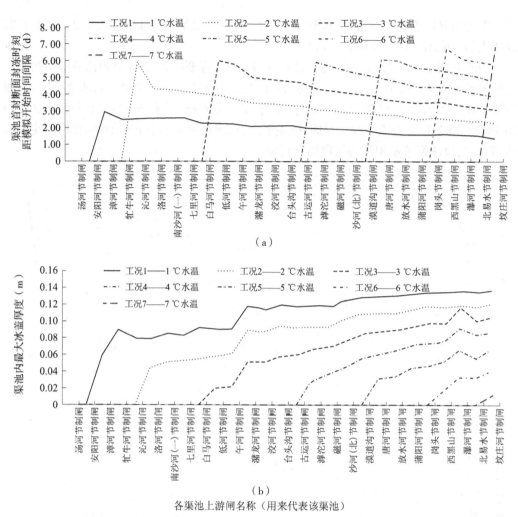

（a）

（b）

各渠池上游闸名称（用来代表该渠池）

图 4-5　渠系封冻特性与初始条件的关系（1985~1986 年最低七日寒潮）

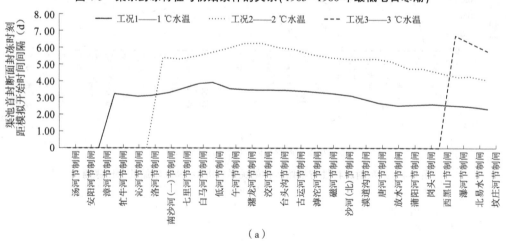

（a）

图 4-6　渠系封冻特性与初始条件的关系（2007~2008 年冬季最低七日寒潮）

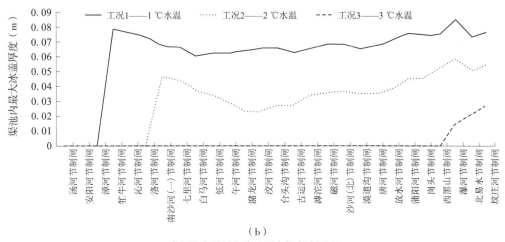

（b）

各渠池上游闸名称（用来代表该渠池）

续图 4-6

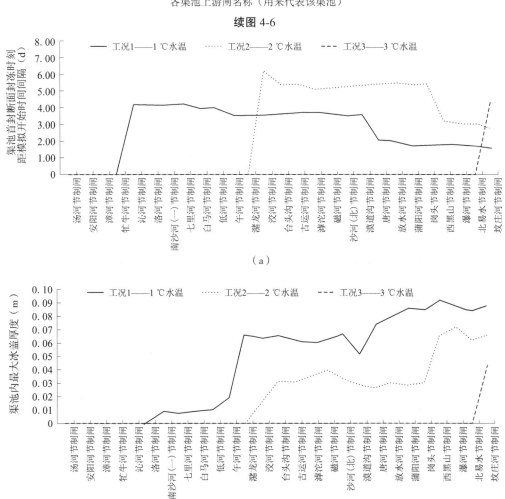

（a）

（b）

各渠池上游闸名称（用来代表该渠池）

图 4-7　渠系封冻特性与初始条件的关系（1982~1983 年冬季最低七日寒潮）

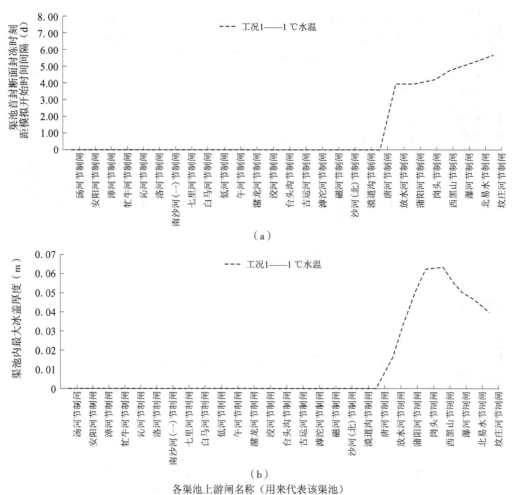

（a）

（b）

各渠池上游闸名称（用来代表该渠池）

图 4-8 渠系封冻特性与初始条件的关系（2014~2015 年冬季最低七日寒潮）

表 4-2 初始水温与寒潮遭遇作用下的封冻范围

初始水温 （℃）	寒潮频率				
	2%	10%	50%	70%	98%
1	漳河节制闸下游渠段	漳河节制闸下游渠段	牤牛河节制闸下游渠段	沁河节制闸下游渠段	放水河节制闸
2	沁河节制闸下游渠段	沁河节制闸下游渠段	南沙河节制闸下游渠段	汶河节制闸下游渠段	全线无封冻
3	七里河节制闸下游渠段	泜河节制闸下游渠段	瀑河节制闸下游渠段	坟庄河下游节制闸	全线无封冻
4	潴龙河节制闸下游渠段	滹沱河节制闸下游渠段	全线无封冻	全线无封冻	全线无封冻
5	古运河节制闸下游渠段	唐河节制闸下游渠段	全线无封冻	全线无封冻	全线无封冻

续表 4-2

初始水温 （℃）	寒潮频率				
	2%	10%	50%	70%	98%
6	漠道沟节制 闸下游渠段	西黑山节制 闸下游渠段	全线无封冻	全线无封冻	全线无封冻
7	坟庄河节制 闸下游渠段	坟庄河节制 闸下游渠段	全线无封冻	全线无封冻	全线无封冻

2.封冻特性与典型寒潮的关系

图 4-9~图 4-11 为相同初始水温条件下的渠系遭遇不同频率寒潮造成的封冻时刻及最大冰盖厚度模拟结果对比情况。

可以看出，随着寒潮频率的增大，渠系封冻范围减小，冰盖厚度减小的基本趋势，但因工程线路长，沿线区域气温频率同步性存在不一致现象，增大了封冻时刻、冰盖厚度的空间差异性。

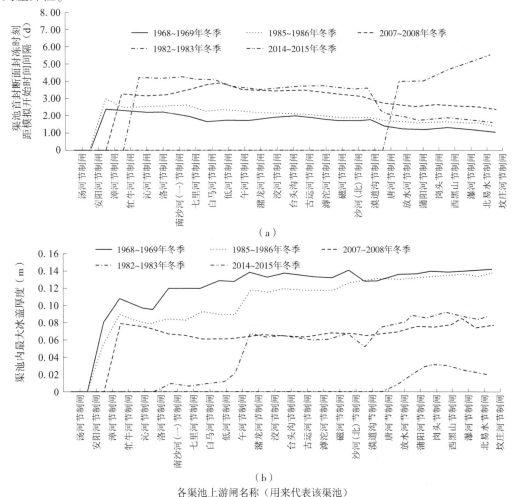

（a）

（b）

各渠池上游闸名称（用来代表该渠池）

图 4-9　封冻特性与典型寒潮关系(初始水温 1 ℃)

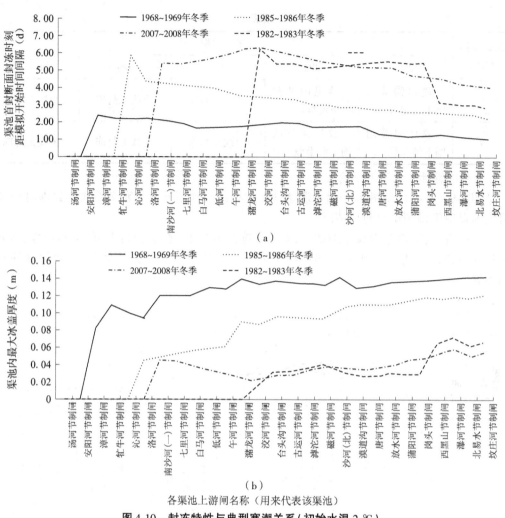

（a）

（b）

各渠池上游闸名称（用来代表该渠池）

图 4-10　封冻特性与典型寒潮关系（初始水温 2 ℃）

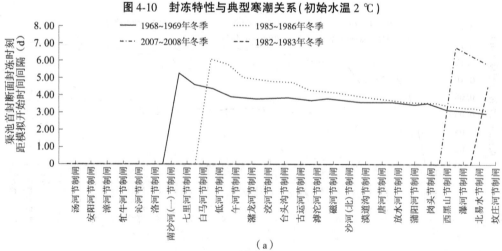

（a）

图 4-11　封冻特性与典型寒潮关系（初始水温 3 ℃）

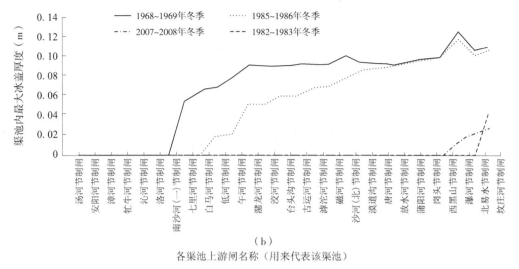

（b）

各渠池上游闸名称（用来代表该渠池）

续图 4-11

4.1.2.2 70%设计输水流量状态

以干渠 70%设计流量为较大冬季输水流量进行模拟分析,得到初始水温与寒潮遭遇背景下的工程可能封冻范围如表 4-3 所示,各工况下的沿线封冻时间如图 4-12～图 4-16 所示。

表 4-3　初始水温与寒潮遭遇作用下的封冻范围(70%输水流量)

初始水温 (℃)	寒潮频率				
	2%	10%	50%	70%	98%
1	洛河节制闸下游渠段	洛河节制闸下游渠段	白马河节制闸下游渠段	午河节制闸下游渠段	西黑山节制闸下游渠段
2	午河节制闸下游渠段	潴龙河节制闸下游渠段	唐河节制闸下游渠段	唐河节制闸下游渠段	全线无封冻
3	滹沱河节制闸下游渠段	沙河北节制闸下游渠段	全线无封冻	全线无封冻	全线无封冻
4	唐河节制闸下游渠段	蒲阳河节制闸下游渠段	全线无封冻	全线无封冻	全线无封冻
5	瀑河节制闸下游渠段	坟庄河节制闸下游渠段	全线无封冻	全线无封冻	全线无封冻
6	全线无封冻	全线无封冻	全线无封冻	全线无封冻	全线无封冻
7	全线无封冻	全线无封冻	全线无封冻	全线无封冻	全线无封冻

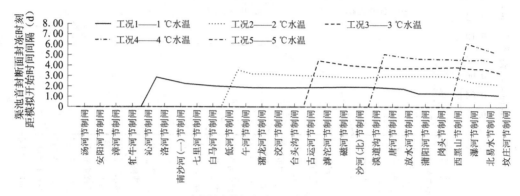

图 4-12　封冻特性与初始水温关系 (2% 频率七日寒潮)

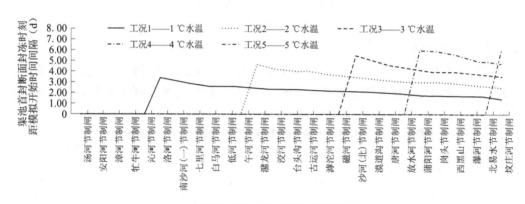

图 4-13　封冻特性与初始水温关系 (10% 频率七日寒潮)

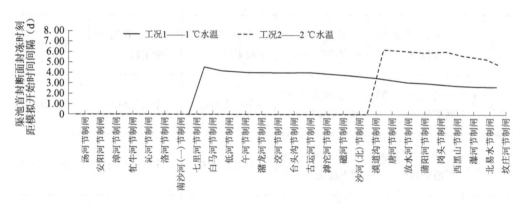

图 4-14　封冻特性与初始水温关系 (50% 频率七日寒潮)

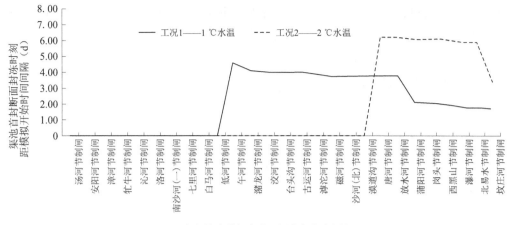

图 4-15 封冻特性与初始水温关系 (70% 频率七日寒潮)

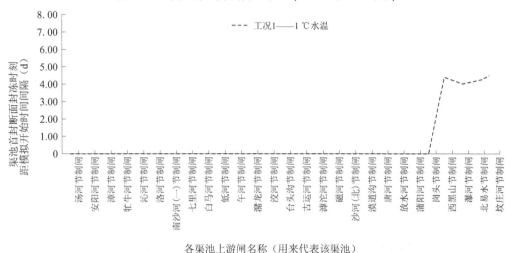

图 4-16 封冻特性与初始水温关系 (98% 频率七日寒潮)

4.2 串联渠系冰塞—水力响应特性分析

长距离串联渠系水力响应具有大滞后、串联、耦合和非线性,因此某一渠池产生冰塞不仅影响本渠池水力响应,还会对上下游水力条件造成影响,进而影响上下游渠道冰塞产生的可能性,因此本章将通过串联渠系冰塞—水力响应特性,为进一步的冰塞风险评估方法研究提供支撑。

4.2.1 模拟工况

在课题组建立的渠系冰塞—水力响应模拟模型基础上,修改冰塞模块相关参数,利用南水北调中线工程实际初始设计数据,对渠道中冰塞—水力响应特性进行数值模拟。

以古运河至沙河北节制闸渠段为例,该渠段全长 42.2 km,闸门布设情况见图 4-17。

通过数值模拟,分析串联渠池在冰塞厚度、冰塞范围及输水流量变化的三种不同工况下的水力响应特点。渠段由 4 个闸门组成 3 个串联渠池,1~3 闸为控制闸,4 闸为末端取水闸,其取水流量始终为目标取水流量。渠首和渠末的水位始终保持恒定,渠系采取下游闸前常水位的运行方式,初始水位上游高于下游。

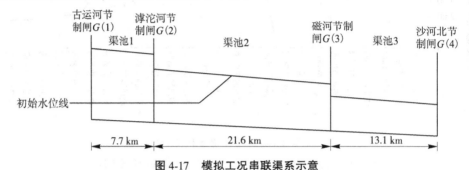

图 4-17　模拟工况串联渠系示意

渠道初始状态为明渠输水,渠末需求流量为 57.75 m/s,当模拟渠段产生冰塞后,控制系统对节制闸 1~3 进行同步联合操作。

模拟工况包括以下三种:

(1)工况一:冰塞体厚度对水力响应的影响;

(2)工况二:冰塞体范围对水力响应的影响;

(3)工况三:输水流量对水力响应的影响。

以最大水位偏差、过闸流量偏差和峰值时间等指标分析渠系应对冰塞事件的水力响应规律。

4.2.2　模拟结果与分析

本节主要采用数值模拟方法对不同工况下渠系水力响应进行分析,模拟结果通过水位偏差、水位偏差峰值时刻等来表示。其中,水位偏差为渠池控制目标水位与实时水位的差值,包括上游水位偏差和下游水位偏差,其值为正表示实时水位上涨超过控制水位,其值为负表示实时水位下降。

4.2.2.1　单渠池冰塞引起的渠系响应

本节探讨单渠池冰塞条件下渠系水力响应特性,阐述闸门群对渠系水力响应影响。以渠池 2 产生长 1 000 m、厚 2.5 m 冰塞事件为例,冰塞体产生于渠池 2 下游闸前,距上游闸约 20 km,模拟结果如图 4-18 和图 4-19 所示,冰塞渠池在发生冰塞事件的短时间内,造成本渠池冰塞体上游水位迅速抬升和下游水位迅速降低,整个渠系的水力响应跟闸门群操作与否有较大关系。

1.闸门群不操作

图 4-18 为冰塞发生后,闸门群不操作渠系水力响应过程。

面对渠系冰塞风险时,若渠系无响应,冰塞体阻水减小过水断面,降低该处过流能力,造成渠池 2 下游水位降低,在闸门开度不变的情况下,通过降低闸门前后水头差而减小了渠池 3 入流量,最后因为渠系末端恒定输水流量,造成渠池 3 入流量小于出流量,最终形成 3 个渠池上下游水位均不断持续降低的趋势,产生了渠系水量由 3 至渠池 1 逐渐放空风险,如果冰塞体增大,还将导致渠系自下游渠池放空速度将增加,放空风险增加。渠池 1 下游渠道在冰塞形成开始有一段水位上升趋势,主要是因为渠池 2 冰塞体造成渠池 2 上游水位壅高,在渠池 1 恒定输水流量情况下,通过减小闸门 2 前后水头差,造成渠池 1 入流量大于出流量而产生水位抬升。对比渠池 3,其上游水位出现变化时刻早于渠池 2 上游水位开始变化时刻,说明冰塞体靠近渠池 3。

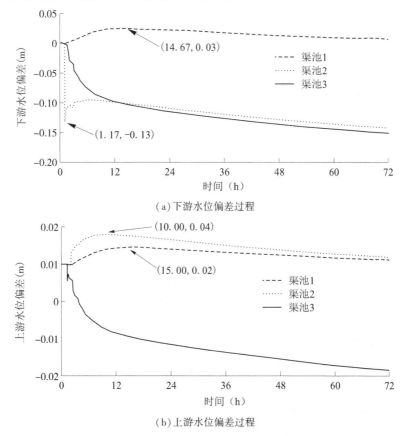

（a）下游水位偏差过程

（b）上游水位偏差过程

图 4-18　单渠池冰塞渠系上、下游水位偏差变化过程(闸门无操作)

2. 闸门群同步调控

图 4-19 为冰塞发生后,闸门同步操作下的渠系水力响应过程。

在渠系所有闸门同步操作情况下,渠池 2 因冰塞减小断面输水能力,造成冰塞体下游水位降低,控制点水位偏差在 1.25 h 内达到最大值,低于初始水位 0.16 m,渠池 1 在 4.3 h 下降 0.09 m,渠池 3 水位保持稳定。渠池 2 水位上涨过程迅速,在模拟时间内水位始终超出初始值,水位偏差达 0.12 m,表明在实际运行过程中,此条件下输水具有漫堤风险,且恢复时间长。

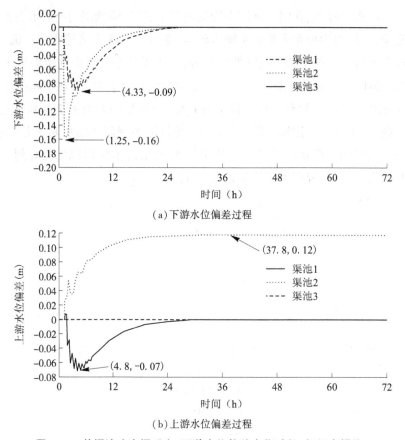

（a）下游水位偏差过程

（b）上游水位偏差过程

图 4-19　单渠池冰塞渠系上、下游水位偏差变化过程（闸门有操作）

在闸门调控下,渠系因渠池 2 形成冰塞造成的闸门调控和水力响应在 24 h 内调节完毕,除渠池 2 上游水位因该渠池形成冰塞体增大输水阻力而造成水位上涨外,其余各关注点水位均恢复至初始状态。同时可以发现,渠池 2 形成冰塞只对本渠池及其上游渠池造成水力响应和闸门响应,不影响下游渠池正常输水。渠池 1 和渠池 3 中发生相同规模冰塞也具有上述规律。由此可知,在渠系闸门操作作用下,单渠池发生冰塞,将影响其上游渠池水力响应,而对其下游渠池运行调度不造成影响。

4.2.2.2　冰塞体厚度与渠池水力响应关系

由前述内容可知,单渠池冰塞仅对上游产生影响,对下游渠池不造成运行调度影响,为了详细描述冰塞体厚度与水力响应关系,以渠池 3 产生 2 500 m 的冰塞为例,模拟分析渠系水力响应特性。本例中冰塞产生于渠池 3 中下游,距离上渠池 10 km。统计各渠池在冰厚依次增大时水位偏差最大值及出现时刻、各闸门过闸流量最大值数据点,并在平面坐标系下绘制散点趋势线得到图 4-20 和图 4-21。

由图 4-20 可见,随着冰塞厚度增加,冰塞造成的影响逐渐扩大到渠池 2 和渠池 1,且各渠池闸前水位偏差最大值呈现自上游往下游增大的特点,冰塞体厚度越大,水位偏差最大值越大,当渠池 3 中产生 2.5 m 冰塞时,渠系末端闸前水位偏差最高达 0.5 m,远大于其他渠池,出现这种现象的主要原因为:末端取水流量在产生冰塞后仍然保持目标流量取水,造成闸前一定范围内水位大幅降低。随着冰塞厚度加大,各渠池上游水位偏差出现差异。渠池 1、渠池 2 上游水位与初始水位差值逐渐加大,上游水位不断下降,最大偏差接近0.1 m,渠池 3 上游水位不断上涨,最大偏差达到 0.3 m。另外,非冰塞渠池即渠池 1、渠池 2 中水位变化幅度的差异性随着冰塞体厚度增大而不断扩大,对上游水位偏差最大值的影响在冰塞厚度大于 2.0 m 后才明显化,而对于下游水位偏差在冰塞厚度大于 1.0 m 时就已经开始产生差异。

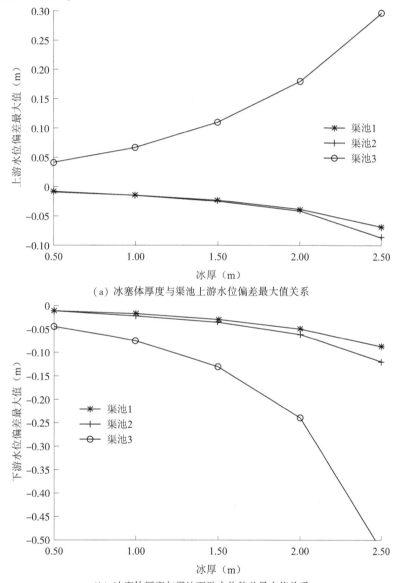

（a）冰塞体厚度与渠池上游水位偏差最大值关系

（b）冰塞体厚度与渠池下游水位偏差最大值关系

图 4-20　冰塞体厚度与各渠池上、下游水位偏差最大值关系

图 4-21 表示各渠池节制闸过闸流量最大值及相应时刻对比结果。由图 4-21 可知,上游渠池过闸流量峰值小于下游渠池,且上游峰值出现时刻晚于下游,当冰塞体达到一定程度后,相邻渠池的水力响应和闸门操控响应均会提前,甚至与冰塞渠池一致。由于渠系的

水力过渡时间与冰塞体厚度、冰塞位置密切相关,上游非冰塞渠池,冰塞厚度越大,与冰塞渠池距离越大,水力过渡过程持续时间越长;冰塞厚度越小,距冰塞渠池越近,水力波动持续时间越短。没有发生冰塞的渠池在经过一系列水力响应过程后水位和过闸流量能恢复至初始状态,而冰塞渠池下游水位恒定上游水位持续壅高。渠系中三个渠池是连通的,因此下游水位波动和流量变化能通过水力连续往上游传递,造成一定程度的风险串联传播。

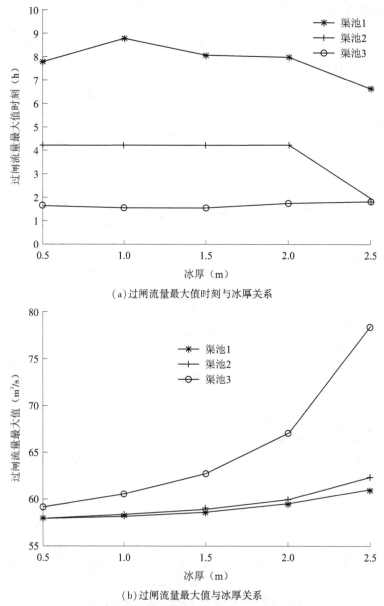

(a)过闸流量最大值时刻与冰厚关系

(b)过闸流量最大值与冰厚关系

图 4-21　各渠池过闸流量最大值及流量最大值时刻

上述现象产生的原因为:渠池 3 上游水位受冰塞壅水影响抬升,结果表现为造成闸门 1~3 均采取开闸措施以增大过闸流量,3 个节制闸的过闸流量自上游至下游依次递增,渠池 1 和渠池 2 的入流量小于出流量,造成渠池水位整体降低。

4.2.2.3　冰塞体范围与渠系水力响应关系

冰塞体长度范围是影响渠系运行的因素之一。以渠池 3 为例,在冰塞体厚 1.0 m 的模拟条件下,通过改变冰塞体范围,得到各渠池经过闸门调节后的水力响应,如图 4-22 所示。模拟结果表明,渠系内各渠池下游最大水位偏差呈自上游往下游不断增大的趋势,且下游增加幅度大于上游;除渠池 3 上游水位上涨外,其他渠池内上游水位均降低,且最大水位偏差随冰塞厚度增加而略微增大。一般而言,渠系闸前最大水位偏差受冰塞渠池位置、冰塞厚度及冰塞范围等的影响。冰塞渠池位置越靠近下游、冰塞厚度越大、冰塞范围占渠池比例越大等均会造成闸前最大水位偏差增大。因此,需要防范更大条件下渠系水位波动过大导致的漫堤风险。

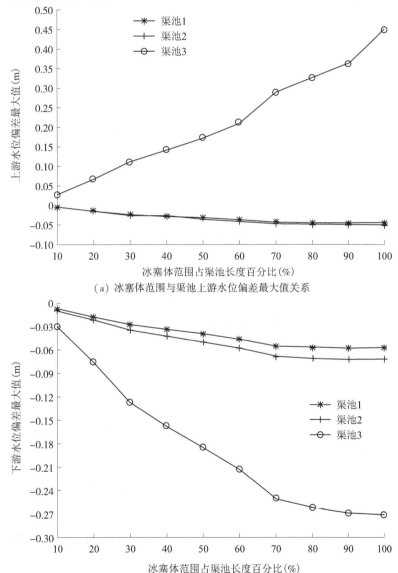

(a) 冰塞体范围与渠池上游水位偏差最大值关系

(b) 冰塞体范围与渠池下游水位偏差最大值关系

图 4-22　冰塞体范围与各渠池上、下游水位偏差最大值关系

4.2.2.4 输水流量对水力响应的影响

以渠池 3 产生长 2 500 m、厚 2.5 m 冰塞事件为例,阐述输水流量对渠系水力响应影响,模拟结果如图 4-23 所示。结果表明,不同输水流量条件下,串联渠系中,涉冰渠池下游端水位偏差变化趋势基本表现为自上游至下游逐渐增加;无涉冰渠池水位偏差普遍小于涉冰渠池;随着渠末输水需求流量逐渐加大,对比各渠池上游最大水位偏差,可见渠池 1 和渠池 2 不断加大,而渠池 3 逐渐减小,但在水力响应过程中,整个渠系下游最大水位偏差持续增大。出现这种现象的原因为:渠末取水流量恒定,在大流量情况下发生冰塞,造成渠池下游水位降低更快、幅度更大;而渠池 3 上游在输水流量变化后有水位上升趋势,是因为当输水流量增加时,相同大小的冰塞体会造成的流量减小值越大,造成的上游壅水越大。

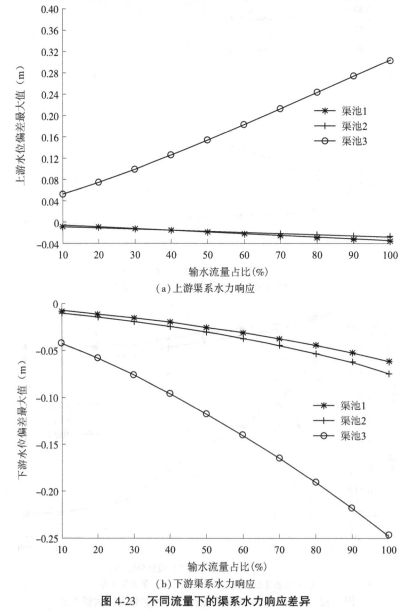

(a)上游渠系水力响应

(b)下游渠系水力响应

图 4-23 不同流量下的渠系水力响应差异

不同输水流量条件下的上、下游最大水位偏差对比如表 4-4 所示。可以看出,在输水流量增大的条件下,由于节制闸开度同步调节,各渠池下游闸前水位最终出现不同程度的下降,除渠池 3 外,同一冰塞条件下渠池 1 和渠池 2 最大水位偏差变化幅度是上游小于下游,且越靠近上游,水位波动越小。

表 4-4 不同输水流量条件下的上、下游最大水位偏差对比 （单位:m）

输水流量占比(%)		30	40	50	60	70
渠池 1	上游	−0.009	−0.015	−0.022	−0.028	−0.034
	下游	−0.011	−0.020	−0.031	−0.045	−0.061
渠池 2	上游	−0.011	−0.016	−0.020	−0.024	−0.026
	下游	−0.014	−0.024	−0.037	−0.053	−0.075
渠池 3	上游	0.075	0.126	0.184	0.244	0.305
	下游	−0.058	−0.096	−0.140	−0.191	−0.247

上述研究结果表明,渠系某一渠池水力响应过程将受其下游若干渠池冰塞事件影响,非冰塞渠池有冰塞次生风险,且在如南水北调中线工程总干渠的总局、分局、现地管理处的 3 级管理模式下,相邻渠池可能跨管理处甚至分局。因此,建议增强冬季冰情监测信息的横向共享机制,且需要加强涉冰渠池的冰塞风险评估工作,并在对某渠池冰塞风险进行评估时,除考虑本渠池特点外,还需适当考虑其下游若干渠池的冰塞风险等级。

综合上述分析,在渠系面对冰塞事件时,①若闸门群无操作最终将导致渠系放空,若闸门群调控将形成新稳定状态,且事故渠池下游渠段不受冰塞事件影响。②冰塞渠池水力响应非常迅速,且幅度远大于上游渠池。③随着冰塞体厚度、范围和输水流量的增大,渠系水力响应增大,若冰塞体足够大,可导致渠系短时内致灾,应加强渠池冰塞风险评估和优化应对控制器。④调水工程冰塞风险评估时,需要考虑串联渠系水力响应引发的次生风险。

第 5 章

调水工程冰塞综合风险评估模型建立

调水工程是由多个控制闸分隔而成的渠池串联组成的,一个渠池是两个相邻控制闸之间的渠道,本模型以一个渠池为单次冰塞风险评估的评估对象单元,不同渠池的冰塞风险等级不同,可构成整个渠系的冰塞风险等级空间分布特征。

5.1 冰塞综合风险评估模型框架

本书将冰塞风险分为基本风险和次生风险。其中,基本风险是指工程建设、运行和管理等因素造成的风险。次生风险是因为串联渠系某地发生冰塞事件,而造成渠系闸门群操作和水力波动而引起的次生冰塞发生的风险。为了避免词语混淆,本书所指的冰塞风险是指冰塞综合风险,由基本风险和次生风险组成。

冰塞综合风险度计算过程如图 5-1 所示。由图 5-1 可知,获取综合风险度需要计算渠池基本风险度和次生风险度。综合风险度计算过程如下:

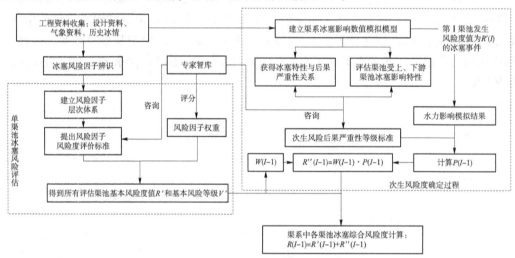

图 5-1 冰塞综合风险度计算过程

(1)将串联渠系各渠池看作相互独立的渠池进行单渠池冰塞风险评估,得到相应的各渠池基本风险度 R' 和基本风险等级 V'。

(2)建立基本风险等级对应的冰塞体特征等级标准和造成的水力响应后果评价等级标准。

(3)建立长距离串联渠系冰塞事件水力响应模拟模型。

（4）通过模拟渠系渠池 I 发生对应 $R'(I)$ 等级的冰塞事件所造成的其上游紧邻渠池 $I-1$ 的水力响应后果；查询等级标准，得到渠池 I 发生冰塞事件对渠池 $I-1$ 的次生冰塞风险后果严重性赋分值 $P(I-1)$。

（5）依据各渠池基本风险度等级，提出次生风险可能性赋分 $W(I)$，得到渠池 $I-1$ 次生风险度 $R''(I-1)=W(I-1)\cdot P(I-1)$。

（6）渠池 $I-1$ 综合风险度 $R(I-1)=R'(I-1)+R''(I-1)$。

（7）重复上述分析过程，得到渠系各渠池的综合风险度。

5.2　冰塞基本风险因子辨识

正确辨识风险因子可为进一步开展工程风险评估、制定风险预案及实现系统的风险管理奠定基础。本书采用层次分析法进行冰塞风险因子辨识，认为危害性冰塞产生的 3 个主要风险源为：足够大的产冰量、部分渠段流速过大和下游部分渠段输冰能力不足，如图 5-2 所示，即只有足够多的产冰量，在超过第一临界流速的情况时卷入水中，并进一步因渠道输冰能力不足而堵塞渠段断面形成冰塞体。产冰量是冰塞体体积上限，流速为冰塞形成提供条件，输冰能力与下潜来冰量的差为冰塞体的实际体积。

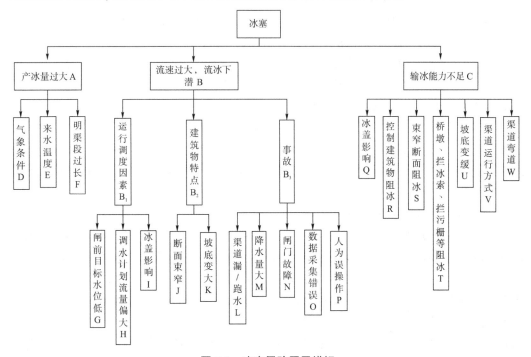

图 5-2　冰塞风险因子辨识

5.2.1　准则 A——产冰量过大

产冰量的多少是决定冰塞体是否形成及其规模的首要因素。产冰量由明渠段长度和寒潮强弱决定。明渠段越长，寒潮越冷，则产冰量越大。研究发现，即使在温泉倒吸虹处附近水温低于 0 ℃已有 47 天,但由于湖水温度的释放,渠池也没有很快地结冰,这表明上游来水温度也是影响产冰量的因素之一。

5.2.2 准则 B——流速过大,流冰下潜

冰盖上游流速较大,明渠段生成的冰花在冰盖底部大量堆积形成水内冰塞,这个过程就是"立封"。渠道中流速过大受众多因素影响。将流速过大作为目标层,以层次分析法将其按运行调度、建筑物特点、事故等准则进行划分。

(1)子准测 B1——运行调度因素

流冰下潜受流速条件控制,工程目前采用控制闸前常水位输水方式,控制目标基本为设计水位。当闸前目标水位低时,会引发渠池内流速增大。Goulding 等(2009)分析了 1985 年、1986 年和 1992 年麦肯齐河特大洪水的严重程度,发现这都是由水流量引起的,当时的峰值水位与较高的流量有关。渠池内有冰盖将导致上游壅水,水力坡度增加,可能诱发流冰下潜。

(2)子准则 B2——建筑物特点

建筑物特点指的是工程中不规则的几何形态,如束窄断面和底坡变化等。在相同输水流量下,断面束窄时,断面流速可能增加,进而导致流速超过第一临界流速而发生流冰下潜,甚至当遇到倒虹吸时,冰块很可能下潜进入并堵塞倒虹吸。而在底坡变化较大的渠段,流速可能较大,同样引起流冰下潜。

李芬等(2017)的研究表明,上下游间横断面在宽度上的变化程度是导致冰凌发生堆积的原因,即横断面发生了扩张或束窄,并非横断面宽度值。本书采用渠道断面束窄率和渠道底坡变化率描述渠道建筑物特性对冰塞风险的影响,计算如下式所示:

$$In = Adown/Aup \qquad Is = gdown/gup \qquad (5\text{-}1)$$

式中,In 为渠道断面束窄率;$Adown$ 为单元渠道下游横断面面积;Aup 为单元渠道上游横断面面积;Is 为渠道底坡变化率;$gdown$ 为单元渠道下截面底坡坡度;gup 为单元渠道上截面底坡坡度。

(3)子准则 B3——事故

水力调控是实现冰盖下安全输水的基础和关键。当发生闸门损坏、密封漏水、结冰卡死、调节时断电、脱落等问题时,将导致调控指令不能执行,无法保障工程的冬季输水安全。在寒冷地区,也有发生数据采集错误导致流速增大的事故。数据采集错误包括现场数据采集设备故障或数据采集失真等。2015~2016 年冬季存在 3 处水力参数观测仪器读数严重失真现象,流量读数最大偏高约 75%,流量计读数偏差过大可能导致调度判断失误。引起流速增大的其他风险因子为:渠道漏/跑水(导致水位流量变化)、降水量大(增加渠池水量,有流速增大的风险)、人为误操作(总控室错误操作、现场操作人员错误操作、遗漏操作等)。

5.2.3 准则 C——输冰能力不足

输冰能力减小是上游下潜流冰堆积的重要条件。在自然或人工障碍物作用下,表面输冰能力受阻,大量堆积形成冰塞。这些阻碍包括静态的冰盖前缘,由于岸冰增长而导致

的水面宽度变窄、河道走向及断面变化或河道中流速减小等。王涛等(2016)试验证明弯槽段冰塞生成的临界 Fr 值高于直槽段,因此弯槽段比直槽段更易产生冰堆积。渠道的运行方式也是输冰能力的关键因素。以南水北调中线工程为例,目前该工程采用下游闸前常水位的运行方式,该种运行方式渠段内总体呈现上游流速大于下游流速的规律。在冰期,下游输冰能力小于上游,但流冰会呈现下游密度大于上游密度的规律,在流冰密度大的断面,其输冰能力小,为冰塞的形成提供了有利条件。

5.3　风险评估计算准则

本书以风险度(风险可能性和后果严重性的乘积)为基础,利用层次分析法及故障树原理对冰塞风险进行评估,每种方法均采用两种计算方式:①定义风险可能性与后果严重性乘积为风险度,由风险因子风险度直接推算至顶层,得出冰塞风险事件风险值。②分别按各因子可能性与后果严重性逐层推算至顶层,再相乘得冰塞事件风险值。因此,本书将探讨四种计算方式下的风险评估结果的差异性,并提出推荐方法。

5.3.1　基于层次分析法的风险评估准则

风险等级由底层向顶层逐层推算,评估计算过程见表 5-1。

表 5-1　基于层次分析法的风险评估计算过程

计算过程	基于层次分析法的风险评估准则	
	方法(1):按风险因子风险度计算	方法(2):按可能性、后果严重性独立计算
风险因子层权重	$W_i = \dfrac{P_i S_i}{\sum\limits_{i=1}^{m} P_i S_i}$	$W_{pi} = \dfrac{P_i}{\sum\limits_{i=1}^{m} P_i}$ $W_{si} = \dfrac{S_i}{\sum\limits_{i=1}^{m} S_i}$
各因子相应风险值	$R_i = P_i S_i W_i$	$R_{pi} = P_i W_{pi}$ $R_{si} = S_i W_{si}$
准则层权重	$W_j = \dfrac{\sum\limits_{i=1}^{m} P_i S_i}{\sum\limits_{i=1}^{n}\sum\limits_{i=1}^{m} P_i S_i}$	$W_{pj} = \dfrac{\sum\limits_{i=1}^{m} P_i}{\sum\limits_{i=1}^{n}\sum\limits_{i=1}^{m} P_i}$ $W_{sj} = \dfrac{\sum\limits_{i=1}^{m} S_i}{\sum\limits_{i=1}^{n}\sum\limits_{i=1}^{m} S_i}$

计算过程	基于层次分析法的风险评估准则	
	方法（1）：按风险因子风险度计算	方法（2）：按可能性、后果严重性独立计算
各准则风险值	$R_j = \sum\limits_{i=1}^{m} P_i S_i W_i$	$R_{pi} = \sum\limits_{i=1}^{m} P_i W_{pi}$ $R_{sj} = \sum\limits_{i=1}^{m} S_i W_{si}$
冰塞事件风险量值	$R = \sum\limits_{i=1}^{n} R_j$	$R = \sum\limits_{i=1}^{n} R_{pj} \sum\limits_{i=1}^{n} R_{sj}$

注：R_j 为准则层第 j 个准则的风险量值；n 为准则层个数；m 为该准则层下有 m 个风险因子；P_i 为准则层第 j 个准则中的第 i 个风险因子诱发冰塞的可能性赋分；S_i 为准则层第 j 个风险准则中的第 i 个风险因子诱发冰塞可能产生后果严重性赋分；W_j 为准则层第 j 个准则的权重；W_{pj} 为准则层第 j 个准则的可能性权重；W_{sj} 为准则层第 j 个准则的后果严重性权重；W_i 为因子层第 i 个因子的权重；R_i 为因子层第 i 个因子的风险度；R 为冰塞综合风险度；W_{pi} 为因子层第 i 个因子的可能性权重；W_{si} 为因子层第 i 个因子的后果严重性权重；R_{pi} 为因子层第 i 个因子的可能性风险量值；R_{si} 为因子层第 i 个因子的后果严重性风险量值。

5.3.2　基于故障树原理的风险评估准则

故障树原理是指在评估过程中考虑了同层因子对上层事件的作用关系是"与"还是"或"。在本书的计算中，如果是"与"的关系，需要考虑各因子间的权重，如果是"或"的关系，选取各准则层下的风险因子中的最大值作为该准则层的得分，评估计算过程见表5-2。

表 5-2　基于故障树原理的风险评估计算过程

计算过程	基于故障树原理的风险评估准则	
	方法（1）：按风险因子风险度计算	方法（2）：按可能性、后果严重性独立计算
准则层权重	$W_j = \dfrac{\max(P_i S_i)}{\sum\limits_{j=1}^{n} \max(P_i S_i)}$	$W_{pj} = \dfrac{\max(P_i)}{\sum\limits_{j=1}^{n} \max(P_i)}$ $W_{sj} = \dfrac{\max(S_i)}{\sum\limits_{j=1}^{n} \max(S_i)}$
各准则风险值	$R_j = \max(P_i S_i) W_j$	$R_{pj} = \max(P_i) W_{pj}$ $R_{sj} = \max(S_i) W_{sj}$

续表 5-2

计算过程	基于故障树原理的风险评估准则	
	方法（1）：按风险因子风险度计算	方法（2）：按可能性、后果严重性独立计算
冰塞事件风险量值	$R = \sum_{i=1}^{n} R_j$	$R = \sum_{i=1}^{n} R_{pj} \sum_{i=1}^{n} R_{sj}$

注：R_j 为准则层第 j 个准则的风险量值；n 为准则层个数；P_i 为准则层第 j 个准则中的第 i 个风险因子诱发冰塞的可能性赋分；S_i 为准则层第 j 个风险准则中的第 i 个风险因子诱发冰塞可能产生后果严重性赋分；W_j 为准则层第 j 个准则的权重；W_{pj} 为准则层第 j 个准则的可能性权重；W_{sj} 为准则层第 j 个准则的后果严重性权重；R_{pj} 为准则层第 j 个准则的可能性风险量值；R_{sj} 为准则层第 j 个准则的后果严重性风险量值；R 为冰塞综合风险度。

5.4　风险评估定级标准

评定一个具体的风险，需对其发生可能性及后果严重性同时进行评价，本节共对冰塞发生可能性、冰塞后果严重性与冰塞等级进行评价标准与等级划分，具体内容如下。

5.4.1　基本风险相关标准

5.4.1.1　冰塞可能性评价标准与等级

参考《大中型水电工程建设风险管理规范》（GT/B 50927—2013）中的风险发生可能性程度等级标准，得到冰塞可能性等级标准。冰塞可能性评价标准与等级见表 5-3。

表 5-3　冰塞可能性评价标准与等级

等级	定性判断标准		定量判断标准
	风险可能性等级取值	定性描述	概率区间
1	(0, 1]	极低、几乎不可能发生	<0.000 1
2	(1, 2]	低、难以发生	0.000 1 ~ 0.001
3	(2, 3]	中、偶然发生	0.001 ~ 0.01
4	(3, 4]	高、可能发生	0.01 ~ 0.1
5	(4, 5]	极高、经常发生	>0.1

5.4.1.2　冰塞后果严重性评价标准与等级

参考《风险管理　风险评估技术》（GT/B 27921—2011）中的风险对目标影响程度的评价标准，得到冰塞后果严重性等级标准。冰塞后果严重性评价标准见表 5-4。

表 5-4　冰塞后果严重性评价标准

影响程度	评价取值	说明
极轻微的	(0,1]	基本不影响日常运行,造成轻微损失
轻微的	(1,2]	轻度影响日常运行,造成较低损失
中等的	(2,3]	中度影响日常运行,造成中等损失
重大的	(3,4]	严重影响日常运行,造成重大损失
灾难性的	(4,5]	重大影响日常运行,造成极大损失

5.4.2　次生风险相关标准

根据初步专家咨询结果,得到冰塞特性与基本风险等级、冰塞水力响应后果与次生风险等级间关系分别如表 5-5 和表 5-6 所示。

表 5-5　冰塞特性与基本风险等级关系

风险因子		风险度				
		I	II	III	IV	V
冰塞体特征	$L(\%)$	$L \leq 1$	$1 < L \leq 20$	$20 < L \leq 40$	$40 < L \leq 70$	$70 < L \leq 100$
	$A(\%)$	$A \leq 1$	$1 < A \leq 20$	$20 < A \leq 40$	$40 < A \leq 70$	$70 < A \leq 100$
次生风险可能性	$W(\%)$	20	40	60	80	100

注:L 为冰塞最大厚度与水深之比;A 为冰塞体长度与冰塞所在渠池长度之比;W 为下游渠池发生冰塞导致次生风险发生的可能性。

表 5-6　水力响应后果与次生风险严重程度关系

风险因子		次生风险严重性等级				
		I	II	III	IV	V
水力响应后果	$Z_1(\text{m})$	$Z_1 \leq 0.2$	$0.2 < Z_1 \leq 0.5$	$0.5 < Z_1 \leq 1.0$	$1.0 < Z_1 \leq 2.0$	$2.0 < Z_1$
	$Z_2(\text{m})$	$Z_2 \leq 0.2$	$0.2 < Z_2 \leq 0.5$	$0.5 < Z_2 \leq 1.0$	$1.0 < Z_2 \leq 2.0$	$2.0 < Z_2$
次生冰塞风险后果严重性赋分值	P	0	5	10	15	20

注:Z_1 为冰塞渠池最大水位偏差;Z_2 为上游相邻渠池最大水位偏差;最大水位偏差是模拟最大水位与初始水位的绝对差值;P 根据水力响应后果 Z_2 对应的次生风险严重性等级得到。

5.4.3　综合风险定级标准

在确定调水工程冰塞基本风险和综合风险等级时均采用表 5-7 所示的等级标准,风险等级分为 5 个等级。对于处于设计阶段的调水工程,允许冰塞风险评价等级为 Ⅰ 级、Ⅱ级和Ⅲ级,但当工程设计方案被评定为冰塞综合Ⅲ级时,应同时建立风险监控与应急制度,而若评定等级为Ⅳ级或 Ⅴ 级,需要对设计情况进行详细论证与调整;对于已建工程冰塞风险评价,若工程评价为冰塞综合风险Ⅲ级及以下时,仅需建立常规冰情监测、应急制度,对于Ⅳ级风险需要加强冰情预报预警、冰期调度优化、工程措施减灾、应急预案细化等,而对于 Ⅴ 级风险,需要对工程本身进行论证与改造。

表 5-7　冰塞风险等级判定标准

风险等级	Ⅰ	Ⅱ	Ⅲ	Ⅳ	Ⅴ
风险度	$[0,5]$	$(5,10]$	$(10,15]$	$(15,20]$	$(20,25]$
风险描述	无风险	较小风险	一般风险	较大风险	严重风险

第 6 章

调水工程冰塞综合风险评估模型应用

典型渠池是渠系中在建筑物组成、渠道特性等方面具有全线代表性的渠池,本章以渠池为评估单元,对典型渠池进行风险因子诱发冰塞可能性及可能造成的后果严重性进行专家咨询打分,得到基本风险值,并进一步利用冷冬年空间同步特征实现基本风险值修正,最后实现典型渠池冰塞综合风险评估。

6.1 典型渠池选取原则与运行现状

6.1.1 典型渠池的选取

通过工程相关资料可知,南水北调中线工程 2015~2016 年冬季较以往冬季提高输水流量运行,又遭遇罕见的寒潮降温,连续 7 天日平均气温低于-10 ℃,最低气温达-18.6 ℃,最终导致该单元出现冰塞问题,尤其是漕河渡槽出口至岗头隧洞间渠段,出现严重冰塞堆积问题,发生拦冰索断裂、仪器设备数据采集失真等事故,同时冰塞的发生降低了渠道输水能力。

根据评估单元筛选原则,结合工程设计参数与运行现状,本书选取坟庄河节制闸至河北省段渠道终点的渠段作为典型渠段,进行冰塞风险评估。

6.1.2 典型渠池工程特性与运行现状

本书选取坟庄河节制闸至河北省段渠道终点的渠段为典型渠池,位于保定行政区内。该渠池在 2011~2013 年通水阶段输水流量较小,为 10~20 m³/s,2014 年进入工程全线通水阶段,全线通水后的入京流量提升至 30~45 m³/s,提高了 10~40 m³/s。通过数据分析发现:保定市冬季多年平均气温为-1.5 ℃,每年均有冰情发生,且该渠池在 2015~2016 年冬季时,曾发生长度 5 km,厚度 0.5~1 m 的严重冰塞。

专家咨询表中采用的工程参数见表 6-1。

表 6-1 典型渠池建筑物参数

建筑物	具体参数
典型渠池	长 25.314 km,宽 7.5 m
断面束窄	I_n:0.83(上游)、0.83(下游)
底坡变陡	I_s:9.60(渡槽,中游)、5.03(隧洞,上游)、3.31(中游)
底坡变缓	I_s:-4.07(中游),0.10(中游),0.20(上游),-0.70(中游)(负值因底坡由正坡转为负坡造成)

续表 6-1

建筑物	具体参数
弯道	弯曲度:90°(上游)、100°(中游)、95°(下游)
其他	2个倒虹吸(南拒马河渠倒虹吸,北拒马河渠倒虹吸)、1个渡槽(水北沟渡槽)、1个隧洞(下车亭隧洞)、15座桥梁

注:括号内的数据表明建筑物在渠池中所处的位置。

6.2 专家咨询

针对典型渠池特性,编制典型渠池冰塞风险因子评估咨询表,打分内容为各风险因子诱发冰塞的可能性和可能造成后果的严重性,打分标准按前述相关标准执行。

6.2.1 专家组成分析

咨询专家组成如图 6-1 所示,依据咨询专家所处机构划分,可分为高校教师(25%)、科研人员(35%)、设计人员(40%),各岗位回收咨询表数基本相当,有利于进行岗位评分分析。按咨询专家职称划分,可分为正高职称(35%)、副高职称(55%)、中级职称(10%),高级职称占比90%,一定程度上体现了专家咨询表结果的可靠性。咨询表涉及了从事渠道设计、科研和教学等方面的不同职称的专家,咨询范围较为全面,专家在各自工作岗位上均接触过冰塞研究,咨询结果具有一定的可靠性和代表性。

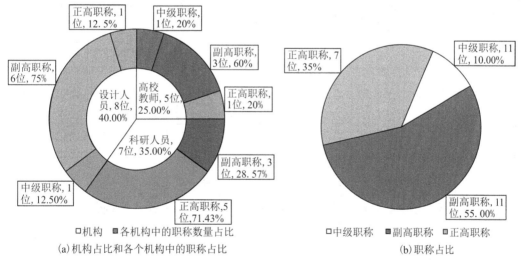

图 6-1 咨询专家组成

6.2.2 专家综合咨询结果

专家咨询表针对性地对水利设计单位、科研单位和高校的相关专家进行咨询,共回收咨询表 20 份。按专家所处机构及专家职称对打分结果进行统计,结果如表 6-2 所示。并用 SPSS(Statistical Product and Service Solutions)分析打分量表整体信度,分析值为 0.916,表明咨询结果数据可靠,能用于后续分析。

表 6-2 专家打分结果统计（发生可能性评分，后果严重性评分）

风险因子	综合	按机构划分				按职称划分		
		科研	设计	高校	正高	副高	中级	
气象条件 D	(3.70,3.55)	(4.14,4.14)	(3.50,3.25)	(3.40,3.20)	(4.29,4.29)	(3.36,3.09)	(3.50,3.50)
来水温度 E	(2.45,2.25)	(2.71,2.43)	(2.13,2.00)	(2.60,2.40)	(2.86,2.71)	(2.09,1.82)	(3.00,3.00)
明渠段过长 F	(2.90,2.80)	(2.71,2.71)	(2.6,2.50)	(3.60,3.40)	(2.86,2.86)	(2.82,2.73)	(3.50,3.00)
闸前目标水位低 G	(2.55,2.25)	(2.57,2.29)	(2.75,2.25)	(2.20,2.20)	(3.00,2.43)	(2.36,2.18)	(2.00,2.00)
调水计划流量偏大 H	(2.95,3.05)	(3.43,3.43)	(2.50,2.75)	(3.00,3.00)	(3.29,3.43)	(2.82,2.91)	(2.50,2.50)
冰盖影响 I	(3.25,3.25)	(3.00,3.00)	(3.50,3.50)	(3.20,3.20)	(3.00,3.00)	(3.55,3.55)	(2.50,2.50)
断面束窄 J1	(2.90,2.75)	(3.00,3.00)	(3.13,2.88)	(2.40,2.20)	(2.86,2.57)	(3.00,2.91)	(2.50,2.50)
断面束窄 J2	(3.35,3.25)	(3.29,3.29)	(3.50,3.38)	(3.20,3.00)	(2.71,2.71)	(3.91,3.73)	(2.50,2.50)
底坡变大 K1	(3.00,2.95)	(3.14,3.14)	(2.88,2.63)	(3.00,3.20)	(2.71,2.71)	(3.09,3.00)	(3.50,3.50)
底坡变大 K2	(2.40,2.40)	(2.29,2.29)	(2.63,2.63)	(2.20,2.20)	(2.00,2.00)	(2.55,2.64)	(3.00,2.50)
底坡变大 K3	(2.30,2.30)	(2.14,2.14)	(2.13,2.00)	(2.80,3.00)	(2.14,2.29)	(2.36,2.36)	(2.50,2.00)
渠道漏、跑水 L	(1.85,2.05)	(2.00,2.57)	(1.75,1.75)	(1.80,1.80)	(1.43,1.57)	(2.09,2.36)	(2.00,2.00)
降水量大 M	(1.75,1.85)	(1.71,1.86)	(1.75,1.75)	(1.80,2.00)	(2.00,2.00)	(1.55,1.73)	(2.00,2.00)
闸门故障 N	(3.35,3.55)	(3.43,3.43)	(3.75,4.13)	(2.60,2.80)	(3.14,3.29)	(3.55,3.82)	(3.00,3.00)
数据采集错误 O	(2.75,2.60)	(2.71,2.71)	(2.88,2.50)	(2.60,2.60)	(2.43,2.57)	(3.00,2.64)	(2.50,2.50)
人为误操作 P	(2.60,2.55)	(2.86,3.14)	(2.63,2.38)	(2.20,2.00)	(2.43,2.57)	(2.91,2.73)	(1.50,1.50)
冰盖影响 Q	(3.35,3.30)	(2.86,2.86)	(3.75,3.50)	(3.40,3.60)	(2.86,3.00)	(3.55,3.36)	(4.00,4.00)

续表 6-2

风险因子	综合	按机构划分			按职称划分		
		科研	设计	高校	正高	副高	中级
控制建筑物阻冰 R	(3.85,3.90)	(3.57,3.43)	(4.50,4.63)	(3.20,3.40)	(3.57,4.00)	(3.91,3.82)	(4.50,4.00)
束窄断面阻冰 S1	(2.55,2.60)	(2.57,2.86)	(2.75,2.63)	(2.20,2.20)	(2.43,2.57)	(2.73,2.73)	(2.00,2.00)
束窄断面阻冰 S2	(3.15,3.15)	(3.00,3.14)	(3.50,3.38)	(2.80,2.80)	(2.43,2.71)	(3.55,3.36)	(3.50,3.50)
桥墩、拦冰索、排污栅等阻冰 T	(3.35,3.35)	(3.29,3.14)	(3.50,3.50)	(3.20,3.40)	(3.14,3.43)	(3.27,3.18)	(4.50,4.00)
底坡变缓 U1	(3.50,3.40)	(3.57,3.57)	(3.75,3.50)	(3.00,3.00)	(3.57,3.71)	(3.55,3.27)	(3.00,3.00)
底坡变缓 U2	(2.90,2.90)	(2.57,2.71)	(3.38,3.13)	(2.60,2.80)	(3.00,3.14)	(2.91,2.73)	(2.50,3.00)
底坡变缓 U3	(2.75,2.70)	(2.71,2.71)	(3.25,3.13)	(2.00,2.00)	(3.00,3.00)	(2.73,2.64)	(2.00,2.00)
底坡变缓 U4	(3.20,3.10)	(2.86,2.86)	(3.50,3.25)	(3.20,3.20)	(3.14,3.14)	(3.27,3.09)	(3.00,3.00)
渠道运行方式 V	(2.55,2.40)	(2.71,2.71)	(2.63,2.25)	(2.20,2.20)	(2.86,3.00)	(2.45,2.09)	(2.00,2.00)
弯道 W1	(1.80,1.87)	(1.95,1.85)	(1.98,1.98)	(1.30,1.73)	(1.85,1.95)	(1.84,1.90)	(1.44 ,1.44)
弯道 W2	(2.35,2.39)	(2.49,2.49)	(2.39,2.39)	(2.09,2.26)	(2.36,2.36)	(2.45,2.53)	(1.74,1.74)
弯道 W3	(2.36,2.32)	(2.51,2.31)	(2.29,2.29)	(2.25,2.39)	(2.10,2.50)	(2.50,2.43)	(2.46,2.46)

6.3 咨询结果特征分析

6.3.1 各风险因子可能性与严重性的线性关系

图 6-2、图 6-3 为专家对各风险因子诱发冰塞风险的可能性及后果严重性的评分关系,可以看出两者呈明显的正相关性,即风险因子的致灾可能性越大,其造成的后果也越严重。这说明在冰塞防控中应把握主要风险因子进行风险防控。

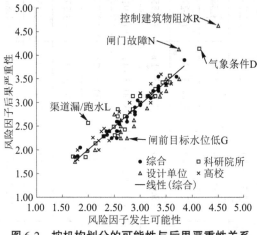

图 6-2 按机构划分的可能性与后果严重性关系

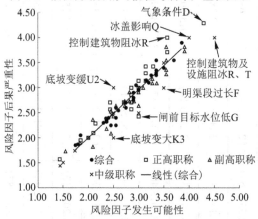

图 6-3 按职称划分的可能性与后果严重性关系

6.3.2 各风险因子标准差偏差百分比分析

不同专家对同一因子的打分均有一定的差异,用 SPSS 对综合结果得出各因子标准差。其中,若同一因子有多种打分情况,取其标准差最大值作为该风险因子的标准差。按照式(6-1)得出各风险因子的可能性与后果严重性偏差百分比,并将其以 5% 为一个计数单位进行划分,见图 6-4。

$$PD_i = \frac{SD_i}{A_i} \times 100\% \tag{6-1}$$

式中,i 为第 i 个风险因子;PD 为因子偏差百分比;SD 为因子标准差;A 为因子打分平均值。

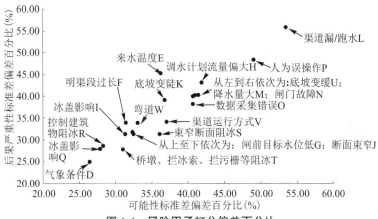

图 6-4 风险因子打分偏差百分比

由图 6-4 可知,专家对风险因子打分可能性与后果严重性偏差百分比集中在[20%, 60%],其中[30%,45%)区间段因子个数占比约为70%,专家对渠道跑水事故和人为误操作的风险认知偏差最大,对气象条件诱发冰塞的认知最为统一。另外,打分结果中风险值较大的因子由大到小分别为:控制建筑物阻冰 R、气象条件 D、底坡变缓 U、闸门故障 N、桥墩等阻冰 T、弯道 W、冰盖影响 Q、断面束窄 J 等,分析专家对这些因子的打分偏差,发现除底坡和闸门因子外,其他因子打分偏差均处于[25%,35%)区间段,侧面说明专家对重点风险因子有较为一致的认知。

为了清楚分析专家对各个准则因子的可能性与后果严重性认知差异程度,对每个区间段的因子构成进行分析,如图 6-5、图 6-6 所示。由此可见:①在准则层致灾可能性方面,专家认知统一性由大到小分别为产冰量过大、输冰能力小和流速过大;②在准则层致灾严重性方面,专家认知统一性由大到小分别为输冰能力小、产冰量过大和流速过大。因此,从定性方面,可以说专家倾向于产冰量过大和输冰能力不足是调水工程渠池冰塞风险的重要因素。同时,通过标准差分析,也反映了行业内专家对调水工程冰塞机制和风险防控存在认知偏差,需要加大调水工程冰塞致灾机制方面的研究,缩小专家的认知差异,推动寒区调水工程从设计到运行管理的规范化、安全化。

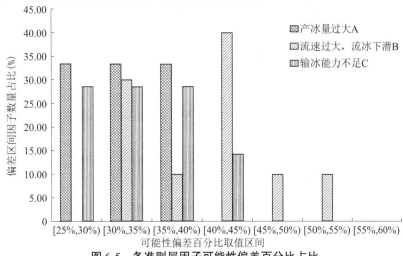

图 6-5 各准则层因子可能性偏差百分比占比

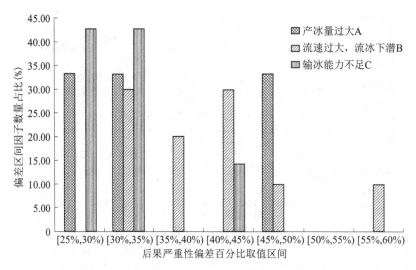

图 6-6　各准则层因子后果严重性偏差百分比占比

6.3.3　专家群体特征对调查结果的影响

由于咨询专家的岗位特点和经验背景不同,对风险因子风险度存在认知差异。按综合结果中的风险因子风险度由大到小进行排序,结果如图 6-7 所示。

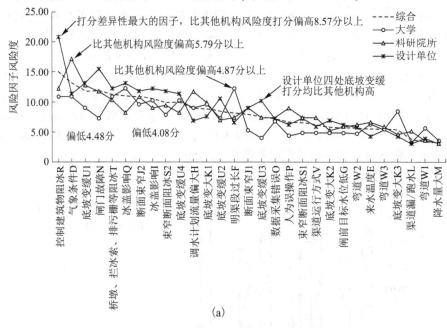

(a)

图 6-7　按机构和职称划分的风险因子风险度

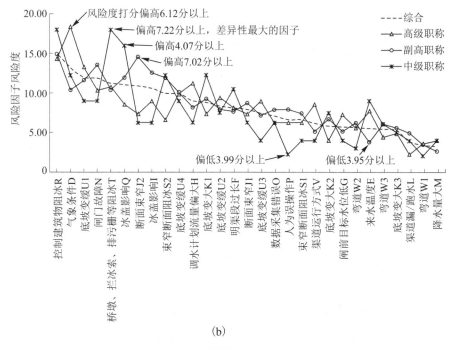

(b)

续图 6-7

由图 6-7 可以看出,按职称划分的打分结果比按行业划分的打分结果波动幅度大,表明各机构人员对各个因子的打分较为平均,而各职称人员对不同风险因子有不同侧重,其中中级职称的打分结果因受样本数量限制(仅占总样本数的 10%)而有较大的波动。从事工程设计人员最关注控制建筑物和闸门故障对冰塞形成的可能性;而高校教师认为闸门故障对冰塞形成的影响小,更关注明渠段长度对冰塞产生的可能性;科研人员更侧重气象条件对冰塞形成的影响。正高职称人员最关注产冰量对冰塞形成的可能性,如气象条件;副高职称人员更侧重冰塞形成的流速条件,如束窄对流速增大的影响;而中级职称人员更关注渠道的输冰能力对冰塞形成的可能性,如冰盖和建筑物及相关设施的阻冰能力。说明不同专家群体依据自身岗位特点和经验对冰塞风险存在固定的认知模式,存在过分考虑自身岗位特点,没有全面权衡冰塞风险的局限性。

6.4　典型渠池冰塞基本风险等级分析

按照前述渠池风险评估计算准则,对各个机构及职称划分的专家咨询结果进行基本冰塞等级评估,对比分析确定推荐评估方法。同时采用层次总排序确定重要风险因子,为渠系冰塞风险提供防控措施。

6.4.1　基本风险等级评估结果与分析

经分析,得到各个机构/职称判定的典型渠池冰塞基本风险评估结果,如图 6-8 所示。

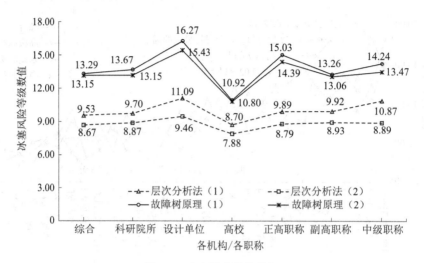

图 6-8　冰塞基本风险等级

经对比可以看出：

（1）采用故障树原理推算的冰塞风险事件风险量值较采用层次分析法大。

（2）同一方法下，通过风险因子风险度直接推算出的顶层风险事件风险量值较另一种计算方式大。

（3）设计单位认为该工程冰塞风险最大，基本风险等级为Ⅲ～Ⅳ级，若能在工程设计阶段考虑冰塞风险防控，可降低工程运行阶段的压力。

（4）高校认为该工程冰塞风险最小，基本风险等级为Ⅱ～Ⅲ级。

（5）不同职称认为的冰塞风险差异性较不同机构小，表明冰塞风险认知更依赖于调查专家岗位。

故障树原理分析法较层次分析法考虑了各因子发生与准则层的关系，区分了是否所有因子同时发生才能导致上级风险事件发生，还是任何一个风险因子即可致灾；而层次分析法没有相关区分，在计算上一级风险事件风险时考虑了所有因子的权重，当一个因子有种情况（如多个束窄）时，取该因子的加权平均值。平均值的处理方式降低了该因子最大值的情况对风险致灾的影响，有时会造成风险等级偏低的后果。因此，本书推荐采用故障树原理分析法评估冰塞风险等级，即推荐评估渠池的冰塞基本风险量值为13.29，推荐等级为Ⅲ级，为有条件可接受风险，应实施风险管理降低风险，且降低风险所需成本应小于风险发生后的损失。

6.4.2　基本风险因子层次总排序

按综合结果，利用层次分析法计算所有冰塞风险因子权重总排序，结果如图 6-9 所示。

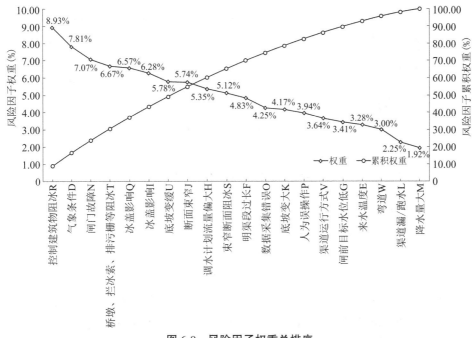

图 6-9　风险因子权重总排序

由图 6-9 可知：

(1)权重最大的风险因子为控制建筑物阻冰 R，权重约为 9%，同时也发现各风险因子间权重相差较小(权重区间长度约为 7%)，可以认为不存在控制冰塞风险的绝对风险因子，这对冰塞风险防控提出了更高的要求，即：在防控措施中需覆盖全部风险因子。

(2)权重累积曲线前期上升较快，后趋于平缓，在上升较快阶段，可以认为累积权重在前 70% 内的因子为重点防控风险因子，因子个数占比 50%，占比较大，在风险防控中，需要尤其注意重点风险因子对冰塞形成的影响。

控制建筑物阻冰是权重最大的风险因子，但控制建筑物阻冰是调水工程不能避免的现象，是调水工程冰问题有别于河冰问题的重要体现，可以通过优化渠道设计长度减小冰塞风险。除此之外，在设计阶段还应该做好输水路线优化，达到减小渠道几何尺寸变化，尽量避免渠道中发生束窄，底坡变缓及桥墩的阻冰现象。在运行阶段，降低冰塞风险主要途径包括实施冰期预报，预测冰塞风险事件；冰期前与冰期经常对闸门进行检修，做好闸门防冻措施；优化调度运行模式，改变冰塞风险事件发生环境，平衡冰塞风险和输水效益；实施分段拦冰、排冰措施，减小下游冰情压力；建立冰塞风险响应机制等。

6.5　确定综合风险度

相关文献显示南水北调中线干线京石段由 13 段渠池组成，以渠池 4 在仿真开始后 1 h 形成长 7.5 km，均厚 2.0 m 的冰塞体为例，则该渠池冰塞所造成的渠系水力响应如图 6-10 所示。可见，冰塞发生渠池的水位波动最大，由于冰塞体的形成，造成渠池 4 的上游水位抬升 0.45 m、下游水位降低 0.62 m，即 $Z_1 = 0.62$ m；造成其紧邻的上游渠池 3 上游水位降低 0.20 m、下游水位降低 -0.28 m，即 $Z_2 = 0.28$ m；造成上游渠池 1 和渠池 2 水位降低 0.10~0.15 m；对下游渠池 5~13 水位过程无影响。

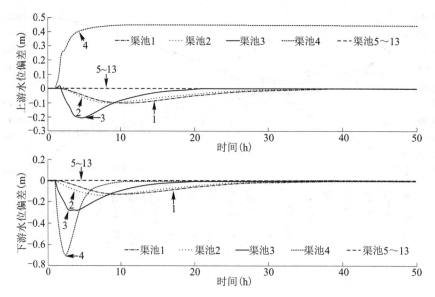

图 6-10　渠池 4 发生冰塞事件条件下的渠系水力响应

在渠池 4 发生冰塞的条件下,各渠池综合风险度和综合风险等级计算过程如下:

(1)渠池基本风险评估。

研究范围内 13 个渠池的基本风险度 R' 和基本风险等级 V' 结果见前述内容,其中渠池 3 和渠池 4 基本风险度为:$R'(3) = 12.07$,$R'(4) = 14.15$,基本风险等级 $V'(4) = Ⅲ$。

(2)计算渠池 3 次生冰塞风险可能性 $W(3)$。

渠池 4 发生基本风险等级 $V'(4) = Ⅲ$ 冰塞时,冰塞体长 7.5 km,冰塞体占渠池长度的 39.5%,查表 5-5 可得冰塞体特征 $L(4) = 40\%$、$A(4) = 40\%$。因此,次生风险可能性为:$W(3) = 60\%$。

(3)计算渠池 3 次生冰塞风险后果严重性赋分值 $P(3)$。

渠池 4 发生基本风险等级 $V'(4) = Ⅲ$ 冰塞时,$Z_1 = 0.62$、$Z_2 = 0.28$,查表 5-6 得 $P(3) = 5$。

(4)计算渠池 3 次生风险度 $R''(3)$。

$$R''(4-1) = W(4-1) \cdot P(4-1) = 60\% \cdot 5 = 3.00$$

(5)计算渠池 3 综合风险度 $R(3)$。

$R(3) = R'(3) + R''(3) = 12.07 + 3.00 = 15.07$,综合风险等级为 $V'(3) = Ⅳ$。

可见,在渠池 4 发生Ⅲ级程度的冰塞时,上游紧邻渠池的风险等级由Ⅲ级提高到Ⅳ级,因此在调水工程中确定冰塞风险不仅要考虑本渠池特性,还要考虑串联渠系影响特性,对风险进行修正,以防止因风险等级考虑不足而造成的风险防控失效。

6.6　工程运行管理对策

6.6.1　可控因子筛选

按可控性进行划分的冰塞风险因子结果如表 6-3 所示。可见,本书共提出 6 个可控因子,主要包括渠道运行调度方式与事故因素两大类。有 5/6 的可控因子集中在流速准则 B 中,全部集中在次准则运行调度因素 B1 与事故 B3 内,说明流速是相对气温和输冰能力在因素中较易进行多方面控制的因素。可通过调整运行调度模式降低流速及输冰能力对冰塞形成的影响,通过降低人为原因造成的事故对流速增大的影响。

表 6-3　可控/不可控风险因子

准则	风险因子	可控	准则	风险因子	可控
A:产冰量过大	气象条件 D	×	B:流速 (B1:运行调度因素)	闸前目标水位低 G	√
	来水温度 E	×		调水计划流量偏大 H	√
	明渠池过长 F	×		冰盖影响 I	×
C:输冰能力不足	冰盖影响 Q	×	B:流速 (B2:建筑物特点)	断面束窄 J	×
	控制建筑物阻水 R	×		坡底变大 K	×
	束窄断面阻冰 S	×	B 流速 (B3:事故)	渠道漏/跑水 L	×
	桥墩、拦冰索、拦污栅等阻冰 T	×		降水量大 M	×
	坡底变缓 U	×		闸门事故 N	√
	渠道运行方式 V	√		数据采集错误 O	√
	渠道弯道 W	×		人为误操作 P	√

注:可控因子√,不可控因子×。

6.6.2　风险降低可能性分析

因层次分析法涉及冰塞评估中的所有风险因子,所以本章在讨论各可控因子对渠池冰塞综合风险值的影响时,选用层次分析法评估方法。本节以典型渠池综合打分结果,结合分析得出各冰塞风险因子可能性与后果严重性正比关系,将单一可控因子的可能性与后果严重性数值同时降低不同程度,采用表 5-1 中层次分析法(2)可能性与后果严重性单独相乘,以探讨单一可控因子对渠池冰塞综合风险值的影响,结果如图 6-11 所示。

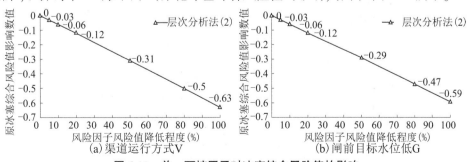

图 6-11　单一可控因子对冰塞综合风险值的影响

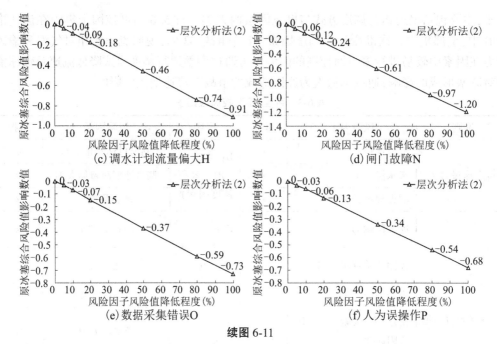

(c) 调水计划流量偏大H　　　　　(d) 闸门故障N

(e) 数据采集错误O　　　　　(f) 人为误操作P

续图 6-11

由此可见：

（1）对各可控风险因子进行控制均能降低该渠池的冰塞综合风险值，控制程度越强，对风险值降低程度越大，各单一可控因子在 100% 控制下的风险值降低范围为 0.59~1.20。

（2）不同可控因子对冰塞风险均有不同程度的影响，其综合风险值降低程度大小为：闸门故障 N>调水计划流量偏大 H>数据采集错误 O>人为误操作 P>渠道运行方式 V>闸前目标水位低 G，与前述各因子层次总排序一致，即闸门故障 N 是可控因子中最能有效降低冰塞风险值的因子。

（3）渠池冰塞综合风险值下降数值与各可控风险因子风险值降低程度大致呈正比关系，线性比率大小与层次总排序保持一致。

单一可控因子对冰塞综合风险最高降低百分比为 13.19%（闸门故障 N），现探讨所有可控因子同时控制时，对冰塞综合风险值的影响，如图 6-12 所示。

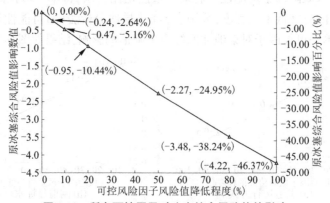

图 6-12　所有可控因子对冰塞综合风险值的影响

综上所述可知：

（1）由前述各因子层次总排序可知，所有可控因子权重占比 27.66%，占比较大，其中运行调度因素占比 12.4%，事故因素占比 15.26%。同时降低所有可控因子对冰塞综合风险降低值的影响比单独控制单一可控因子的效果更为显著。

（2）所有可控因子同时完全控制其发生概率时，能达到最佳控制效果，在层次分析法评估原则下，这种理想情况下的渠池冰塞综合风险等级可由Ⅲ级降低至Ⅱ级。

（3）所有可控因子风险值降低程度与渠池冰塞综合风险值降低数值大致呈正比关系。

6.6.3　运行管理制度保障

通过前述分析，同时降低所有可控因子发生概率，可相对有效降低冰塞风险值，可降低风险等级至Ⅱ级。因此，需要提出一系列的措施，保障可控因子的可控性及可控程度。经归类，可将闸门故障 N、调水计划流量偏大 H、数据采集错误 O、人为误操作 P、渠道运行方式 V 和闸前目前水位低 G 这 6 大因子分为设备类、运行调度类和人员管理类三大类，针对每一类型提出具体管理建议如下。

6.6.3.1　建立冬季设备检查防护标准与制度

要建立规范、全面、科学的设备冬季运行保障管理制度与防护标准，具体如下：

1.设备冬季运行防护标准

渠系冬季运行易受影响的设备包括闸门现地控制系统、排冰闸系统、分水闸系统和水文测流设备，需通过科学分析南水北调中线工程区域气温特性，选用冬季运行安全保障率高的设备型号或测验方法，选用恰当的闸门防冻、传感器防流冰撞击等破坏的方法，最后形成一套有效的针对性的设备冬季运行防护标准。

2.设备冬季运行保障制度

建立严格的设备台账工作机制，以小时为单位进行设备运行台账记录；施行设备全面安全检查和校核办法，检查频次自入冬检查开始不少于每周 2 次，主要是对设备安装环境、安装位置移动情况、设备冰情、设备损坏情况和设备异常情况等进行现场查看，并就查看信息进行汇总上报，由数据采集终端对设备运行情况进行综合评价，并对各类情况制定有效处理办法。

6.6.3.2　建立冰期输水运行控制方案

通过科学研究和工程管理经验，提出南水北调中线工程总干渠运行方案智能优化与决策系统，提高冬季运行的安全性和效益。该系统涉及高精度的冰情模拟预报、快速灵活的闸门群调控模式、运行方式与运行安全关系等多方面的研究成果。通过高性能的运行控制系统编制合理运行控制方案，要求尽量实现：渠系冬季仍保持按需输水运行，并滚动进行冰情预报；在预报期内某段出现冰情，要求该范围内渠道减小输水流量，经分水口联合会议制度决议形成新的输水流量方案，并在高效的闸门群调控算法下实现输水流量预见期内的平稳切换，达到缩短冰期、安全、高效、灵活的目的。

6.6.3.3　建立员工培训与绩效考核机制

制定工程运行相关调度操作说明以对控制中心人员及现地管理人员进行培训，避免因操作不规范带来的风险。除工程基本操作运行培训内容外,还应包括针对控制中心人员的冰期调度预案,针对现地管理人员的冰期应急抢险预案、冰期巡视及组织配备抢险队伍等内容。

　　建议考虑加入绩效考核机制,将事故与绩效挂钩,以增强人员责任心,尽可能减少人为事故的发生。

第7章

调水工程冰坝风险评估模型建立与应用

　　冰坝是河渠内由大量较大尺寸冰块在特定断面迅速挤堆,导致过水断面迅速减小和上游水位迅速上升的现象,冰坝体过大可诱发河渠漫堤洪水灾害。

　　在冰坝形成机制方面,茅泽育等认为水位变化会在岸边产生使冰盖与岸壁发生破坏的纵向裂缝,横向裂缝随岸壁对冰盖约束作用的消失而出现,冰盖破裂为较大尺寸的冰块,随水流运动在某些渠道断面堆积,使向下游的输水量减少及壅高上游水位的现象。王普庆等建立试验模型研究冰坝溃决过程水力要素变化规律,表现为冰坝溃决时水流速度随冰坝体高度的增加而不断增大。金杰在分析冰盖热力学性质和断裂过程基础上,运用数值模拟和水力学模型确定开河判别模型,研究开河时机受流量变化的影响。史兴隆等建立冰坝实体模型研究冰坝溃决的条件,形成的冰坝应在 2 h 内破除以减少损失,并做多次爆破冰坝实体模型试验,确定了冰坝爆破的最佳炸药用量与放置位置。王涛等运用神经网络理论建立冰坝预报模型,预测冰坝在开河期的发生情况,以便提前做好预防措施和解决方案。Dr Munck建立了可以量化各种地理要素的模型,预测冰坝发生的位置。卜小龙等做了冰坝爆破使其自动溃决的试验,得到有关爆破的指标数据和最佳方位。刘建军等研究了渠系冰期输水过程可能发生的冰情,在分析冰情产生条件的基础上提出防治冰害的办法。张泽中等研究了冰盖、冰塞、冰坝演化和产生的主要因素为热力因素、水力因素和河道边界条件。李颖等研究了冰坝类别、特征及机制,冰量、水量、河流的边界条件为冰坝形成的主要原因。黄国兵等调查分析了调水工程中冰凌的危害,2015~2016 年冬季发生较为严重的冰塞并伴有小体积冰坝,坟庄河至北拒马河之间的渠段冰害最为严重,冰塞体使输水能力减小、上游水位壅高。总体来说,研究了冰坝的演化、机制、成因、预报、防治、爆破、溃决等方面。

　　本章基于输水渠系冰坝风险评估体系尚不完整的现状,以南水北调中线工程总干渠坟庄河节制闸至北拒马河节制闸之间的渠道特性为背景,采用模糊故障树分析法(Fuzzy Fault Tree Analysis,简称 FFTA)对输水渠系冰坝风险进行定性定量评估,提出冰坝关键风险因子和等级,为调水工程冬季运行安全提供支撑。

7.1　研究对象与研究方法

7.1.1　研究对象

　　本章以南水北调中线工程总干渠坟庄河节制闸至北拒马河节制闸之间的渠道为研究区

域。该渠段长 25.314 km,含有 2 个倒虹吸(南拒马河渠倒虹吸、北拒马河渠倒虹吸)、1 个渡槽(水北沟渡槽)、1 个隧洞(下车亭隧洞)、5 处横截断面束窄、6 处底坡变化、5 处弯道,其为总干渠进北京前最后一段明渠,所在地区冬季多年平均气温为−1.5 ℃,渠道内每年均有冰情发生,且在 2015~2016 年冬季,曾发生较严重的冰塞,单曲池冰塞体长为 3.2~7.1 km,总长约 26.5 km,由于冰塞体的阻碍减小了输水能力,使上游水位明显壅高。

7.1.2　研究方法

故障树分析法是一种将导致系统故障的原因从上至下,按事件层次以树形图方式逐层细分的方法。将不希望发生的状况作为故障树顶事件,将引起顶事件发生的各种因素按相互之间的逻辑关系确定为中间事件和底事件,再将全部底事件因素进行定性定量分析,根据分析结果推断出引起系统失效的关键因素。由于许多事件在现实情况中的发生概率具有一定的模糊性,用精确的概率值表示较为困难,因此可以用模糊故障树分析法解决此问题,精确概率值用某个概率区间代替,用模糊数表示发生基本事件的概率,顶事件发生概率运用模糊数学运算求出。该方法的优点是评价事件的语言允许在某个范围有误差,从而可获得比较准确的故障树顶事件发生概率。

本章总体研究思路如图 7-1 所示。

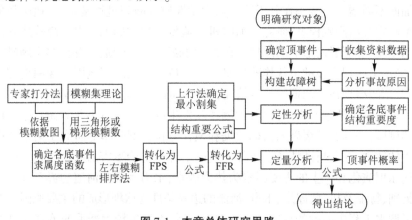

图 7-1　本章总体研究思路

7.2　冰坝风险评估体系

7.2.1　冰坝风险因子辨识

冰坝是由破碎冰盖形成的大块流冰在适当的水流条件下快速、较大程度上的堵塞过水断面造成的冰情现象,因此冰坝形成的三大要素包括:①产生流冰,产生流冰是冰坝形成的先决条件。②流速过大,即流速过大导致大块流冰可下潜至水面和冰面以下,为堵塞过水断面提供条件。③输冰能力不足,即下潜的大量流冰将在输冰能力不足的渠道断面堆积,进而形成冰坝。

7.2.1.1　产生流冰分析

冰坝主要发生在融冰期和冰盖下输水期,因此流冰产生主要是源于冰盖破碎(见

图 7-2)和岸冰脱落(见图 7-3)两个方面,冰盖破碎主要由于冰盖当时的尺寸、性状在较大水位波动影响下发生;岸冰脱落主要由于岸冰几何尺寸与性状在适当的水力条件下发生,而冰盖和岸冰的尺寸和性状受气温回暖等气象条件和水温升高的影响。

图 7-2　冰盖破碎　　　　　　图 7-3　桥墩拦截脱岸岸冰

7.2.1.2　流速过大分析

流冰下潜受流速条件控制,下潜的临界流速又与流冰的几何特征有关。单纯从流速大角度出发,考虑引起流速增大的原因主要包括水位波动大、渠道自身特点、运行水位低、输水流量大和冰盖影响等方面。

1.水位波动大

水位波动大的原因主要有冰盖变化、运行调度因素、渠道漏/跑水事故。冰盖变化引起的水位波动较大。影响运行调度因素的主要有两种:①调度系统故障,表现为数据采集错误和闸门故障,数据采集错误可能导致误操作,引起渠道水位流量大幅变化;闸门事故、闸门正常调节引起较大水位波动;②人为失误,表现为误操作和调度决策失误,人员错误操作可能导致渠道流量增加;调度决策失误造成流冰堆积体;渠道漏/跑水导致渠内水位升高、流量变大,增大水位波动。

2.渠道自身特点

渠道自身特点主要有断面束窄和底坡变大。在相同输水流量下,断面束窄处流速可能增大,底坡较大渠段流速可能较大,从而导致流冰下潜。

3.运行水位低

造成运行水位低的原因主要有闸前目标水位低、渠道漏/跑水事故、运行调度因素。下游闸前控制水位低、渠道跑/漏水等造成的渠内运行水位低;影响运行调度因素的原因与"水位波动大"中相同。

4.输水流量大

造成输水流量大的主要原因有运行调度因素、降水量大、调水计划偏大、渠道漏/跑水。影响运行调度因素的原因与"水位波动大"中相同;降水量大、调水计划偏大增加渠内输水流量;渠道漏/跑水导致渠内水位升高流量变大,增大输水流量。

5.冰盖影响

冰盖影响主要表现为下游冰盖阻水造成水力坡降增大。

7.2.1.3　输冰能力不足分析

输冰能力不足的渠道断面流冰易下潜堆积形成冰坝,而输冰能力受限于渠道建筑物特点、冰盖影响和渠道运行方式等因素。冰盖和渠道断面束窄均通过减少过流面积而减小输冰能力;渠道建筑物存在断面扩大、底坡变缓等情况,减小了输水流速,造成输冰能力减小;控水建筑物、桥墩等阻挡也减小了渠道输冰能力;在采用下游闸前常水位的运行方式下,渠段内总体呈现上游流速大于下游流速的规律,这种运行方式就限定了下游输冰能力小于上游,但流冰会呈现下游密度大于上游密度的规律,在流冰密度大的断面,其输冰能力小,为冰坝形成提供了良好条件。

7.2.2 冰坝风险故障树

以冰坝为顶事件,逐层分析产生流冰、流速过大、输冰能力不足的原因,构建冰坝故障树,见图 7-4。图中 T 为顶事件,$B_1 \sim B_{17}$ 为中间事件,$X_1 \sim X_{18}$ 为底事件。冰坝故障树各底事件符号意义见表 7-1。

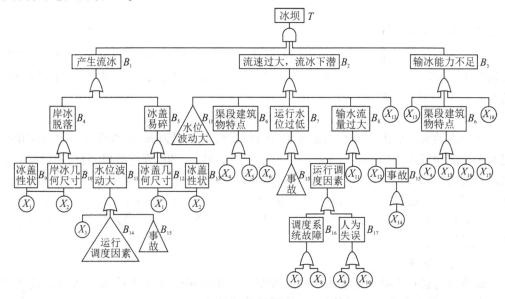

图 7-4 冰坝故障树

表 7-1 冰坝故障树各底事件符号意义

符号	意义	符号	意义
X_1	气象条件	X_{10}	调度决策失误
X_2	水温升高	X_{11}	降水量大
X_3	冰盖变化	X_{12}	调水计划偏大
X_4	断面束窄	X_{13}	冰盖影响
X_5	底坡变大	X_{14}	渠道漏/跑水
X_6	闸前目标水位低	X_{15}	底坡变缓
X_7	数据采集错误	X_{16}	控制建筑物
X_8	闸门故障	X_{17}	桥墩等阻挡
X_9	误操作	X_{18}	渠道运行方式

7.2.3　确定最小割集

以冰坝故障树为依据,运用上行法确定其最小割集,通过布尔代数运算按层展开故障树到只含底事件为止,计算公式为

$$
\begin{aligned}
T = B_1 B_2 B_3 =& (X_1+X_2+X_3+X_7+X_8+X_9+X_{10}+X_{14})(X_3+X_7+X_8+X_9+X_{10}+X_{14}+X_4+X_5+X_6+X_{11}+ \\
& X_{12}+X_{13})(X_{13}+X_4+X_{15}+X_{16}+X_{17}+X_{18}) \\
=& X_3X_{13}+X_7X_{13}+X_8X_{13}+X_9X_{13}+X_{10}X_{13}+X_{14}X_{13}+X_1X_{13}+X_2X_{13}+X_3X_4+X_7X_4+X_8X_4+ \\
& X_9X_4+X_{10}X_4+X_{14}X_4+X_1X_4+X_2X_4+X_3X_{15}+X_7X_{15}+X_8X_{15}+X_9X_{15}+X_{10}X_{15}+X_{14}X_{15}+ \\
& X_1X_5X_{15}+X_1X_6X_{15}+X_1X_{11}X_{15}+X_1X_{12}X_{15}+X_2X_5X_{15}+X_2X_6X_{15}+X_2X_{11}X_{15}+X_2X_{12} \\
& X_{15}+X_3X_{16}+X_7X_{16}+X_8X_{16}+X_9X_{16}+X_{10}X_{16}+X_{14}X_{16}+X_1X_5X_{16}+X_1X_6X_{16}+X_1X_{11}X_{16}+ \\
& X_1X_{12}X_{16}+X_2X_5X_{16}+X_2X_6X_{16}+X_2X_{11}X_{16}+X_2X_{12}X_{16}+X_3X_{17}+X_7X_{17}+X_8X_{17}+X_9 \\
& X_{17}+X_{10}X_{17}+X_{14}X_{17}+X_1X_5X_{17}+X_1X_6X_{17}+X_1X_{11}X_{17}+X_1X_{12}X_{17}+X_2X_5X_{17}+X_2X_6 \\
& X_{17}+X_2X_{11}X_{17}+X_2X_{12}X_{17}+X_3X_{18}+X_7X_{18}+X_8X_{18}+X_9X_{18}+X_{10}X_{18}+X_{14}X_{18}+X_1X_5 \\
& X_{18}+X_1X_6X_{18}+X_1X_{11}X_{18}+X_1X_{12}X_{18}+X_2X_5X_{18}+X_2X_6X_{18}+X_2X_{11}X_{18}+X_2X_{12}X_{18}
\end{aligned}
$$

$$(7\text{-}1)$$

由式(7-1)可知,该冰坝故障树共包含 72 个最小割集,其中 40 个二阶最小割集,32 个三阶最小割集,二阶最小割集表示只有两个事件同时发生才能导致冰坝发生,三阶最小割集表示只有三个事件同时发生才会导致冰坝发生,最小割集 K_j 按式(7-1)中出现的先后顺序依次排列。

7.2.4　底事件结构重要度计算

结构重要度系数表明某个基本事件在整个故障树结构中的重要程度,用 I_i 表示:

$$I_i = \sum_{X_i \in K_j} (2^{n_i-1})^{-1} \tag{7-2}$$

式中, I_i 为第 i 个底事件的结构重要度; $X_i \in K_j$ 为底事件 X_i 属于最小割集 K_j, K_j 为第 j 个最小割集; n_i 为底事件 X_i 所在最小割集中包含的底事件数。

根据最小割集和式(7-2)求出各底事件的结构重要度。以 X_1 为例,计算为: $I_1 = (2^{2-1})^{-1} \times 2 + (2^{3-1})^{-1} \times 16 = 5$。同理,求出其他底事件的结构重要度: $I_3 = I_7 = I_8 = I_9 = I_{10} = I_{14} = 3$, $I_2 = I_{15} = I_{16} = I_{17} = I_{18} = 5$, $I_4 = I_{13} = 4$, $I_5 = I_6 = I_{11} = I_{12} = 2$。

结构重要度的顺序为:

$$I_1 = I_2 = I_{15} = I_{16} = I_{17} = I_{18} > I_4 = I_{13} > I_3 = I_7 = I_8 = I_9 = I_{10} = I_{14} > I_5 = I_6 = I_{11} = I_{12}$$

由结构重要的顺序得出 I_1、I_2、I_{15}、I_{16}、I_{17}、I_{18} 的结构重要度较大,说明顶事件易受这些事件的影响,因此对这些事件要注意适当防范和检查调控。

7.3　冰坝风险模糊评估

本节以风险因子"闸前目标水位低"为例,描述其隶属度函数、模糊函数、模糊可能性值和模糊失效概率(Fuzzy Failure Rate,简称 FFR)的确定过程,同理可以得到其余 17 个风险因子的隶属度函数、模糊函数、模糊可能性值和模糊失效概率。

7.3.1 确定底事件可能性评判语言模糊集

底事件发生过程具有模糊性和不确定性,专家用 极低(VL),低(L),中等(M),高(H),极高(VH) 等一些模糊语言表示同一事件发生的可能性,再用模糊集理论分析处理专家语言,将专家语言用恰当的模糊数代替。以"闸前目标水位低"为例,赋予其极低、低、中等、高、极高自然语言,可用三角形或梯形模糊数代为表达。模糊数代表自然语言见图7-5。

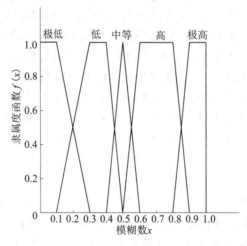

图7-5 模糊数代表自然语言

7.3.2 获取底事件可能性模糊概率

基于工程特点,选择20位专家组成评判小组对各底事件发生可能性进行打分,评判"闸前目标水位低"事件发生的可能性,结果为:1位专家评判为"极低",10位专家评判为"低",6位专家评判为"中等",3位专家评判为"高"。根据图7-5得出对应的隶属度函数表达式为:

$$f_{VL}(x) = \begin{cases} 1 & (0 < x \leqslant 0.1) \\ \dfrac{0.3 - x}{0.3 - 0.1} & (0.1 < x \leqslant 0.3) \\ 0 & (其他) \end{cases} \tag{7-3}$$

$$f_{L}(x) = \begin{cases} \dfrac{x - 0.1}{0.3 - 0.1} & (0.1 < x \leqslant 0.3) \\ 1 & (0.3 < x \leqslant 0.4) \\ \dfrac{0.5 - x}{0.5 - 0.4} & (0.4 < x \leqslant 0.5) \end{cases} \tag{7-4}$$

$$f_{M}(x) = \begin{cases} \dfrac{x - 0.4}{0.5 - 0.4} & (0.4 < x \leqslant 0.5) \\ \dfrac{0.6 - x}{0.6 - 0.5} & (0.5 < x \leqslant 0.6) \\ 0 & (其他) \end{cases} \tag{7-5}$$

$$f_H(x) = \begin{cases} \dfrac{x - 0.5}{0.6 - 0.5} & (0.5 < x \leq 0.6) \\[2mm] 1 & (0.6 < x \leq 0.8) \\[2mm] \dfrac{0.9 - x}{0.9 - 0.8} & (0.8 < x \leq 0.9) \end{cases} \tag{7-6}$$

7.3.3 评判自然语言转化为模糊函数

用模糊集的 λ 截集综合处理专家自然语言以减少其模糊性,研究取相等权重分析各专家的意见,可得出式(7-3)~式(7-6)的 λ 截集分别为 $VL_\lambda = [vl_1, vl_2]$, $vl_1 = 0$, $vl_2 = 0.3 - 0.2\lambda$; $L_\lambda = [l_1, l_2]$, $l_1 = 0.1 + 0.2\lambda$, $l_2 = 0.5 - 0.1\lambda$; $M_\lambda = [m_1, m_2]$, $m_1 = 0.4 + 0.1\lambda$, $m_2 = 0.6 - 0.1\lambda$; $H_\lambda = [h_1, h_2]$, $h_1 = 0.5 + 0.1\lambda$, $h_2 = 0.9 - 0.1\lambda$。其中,vl_1、vl_2、l_1、l_2、m_1、m_2、h_1、h_2 分别为用数学表达式表示的隶属度函数 λ 截集的上下限。

在 λ 截集下,20 位专家的总模糊集 z 为

$$f_1 VL \oplus 10L \oplus 6M \oplus 3H$$
$$= \max \left| 1 \otimes f_{VL}(x) \wedge 10 \otimes f_L(x) \wedge 6 \otimes f_M(x) \wedge 3 \otimes f_H(x) \right|$$
$$= \max \left| 1 \otimes (0) + 10 \otimes (0.1 + 0.2\lambda) + 6 \otimes (0.4 + 0.1\lambda) + 3 \otimes (0.5 + 0.1\lambda), \right.$$
$$\left. 1 \otimes (0.3 - 0.2\lambda) + 10 \otimes (0.5 - 0.1\lambda) + 6 \otimes (0.6 - 0.1\lambda) + 3 \otimes (0.9 - 0.1\lambda) \right|$$
$$= \left| (4.9 + 2.9\lambda), (11.6 - 2.1\lambda) \right| \tag{7-7}$$

由式(7-7)得平均模糊数 W 为

$$W = \frac{1}{20} \left| (4.9 + 2.9\lambda), (11.6 - 2.1\lambda) \right|$$
$$= \left| (0.245 + 0.145\lambda), (0.58 - 0.105\lambda) \right| \tag{7-8}$$

令 $W_\lambda = \left| (z_1, z_2) \right| = \left| (0.245 + 0.145\lambda), (0.58 - 0.105\lambda) \right|$,有 $\lambda = \dfrac{z_1 - 0.245}{0.145}$ 和 $\lambda = \dfrac{0.58 - z_2}{0.105}$,平均模糊数 W 的关系函数为

$$f_W(z) = \begin{cases} \dfrac{z - 0.245}{0.145} & (0.245 < z \leq 0.39) \\[2mm] 1 & (0.39 < z \leq 0.475) \\[2mm] \dfrac{0.58 - z}{0.105} & (0.475 < z \leq 0.58) \\[2mm] 0 & (\text{其他}) \end{cases} \tag{7-9}$$

7.3.4 模糊数转化为模糊可能性值

量化评判自然语言得到一个模糊集合,把模糊数转化为明确的模糊可能性值(Fuzzy Possibility Score,简称 FPS)便于在故障树中对比分析。根据 Chen 等提出的左右模糊排序法,可通过模糊数的转化得到 FPS,该方法定义最大 $f_{\max}(x)$ 和最小 $f_{\min}(x)$ 模糊集分别为:

$$f_{\max}(x) = \begin{cases} x & (0 < x < 1) \\ 1 & (\text{其他}) \end{cases}$$

$$f_{\min}(x) = \begin{cases} 1-x & (0 < x < 1) \\ 1 & (\text{其他}) \end{cases} \tag{7-10}$$

平均模糊数 W 的左右模糊可能性值 $FPS_L(W)$、$FPS_R(W)$ 分别为

$$FPS_L(W) = \sup_x [fw(x) \wedge f_{\min}(x)]$$

$$FPS_R(W) = \sup_x [fw(x) \wedge f_{\max}(x)] \tag{7-11}$$

模糊可能性值 $FPS_T(W)$ 公式为

$$FPS_T(W) = \frac{|FPS_R(W) + 1 - FPS_L(W)|}{2} \tag{7-12}$$

由式(7-12),左右模糊性值分别为 $FPS_L(W) = 0.659\,4$,$FPS_R(W) = 0.524\,9$,$FPS_T(W) = 0.432\,75$。

7.3.5 FPS 转化为模糊失效概率

把模糊可能性值按式(7-13)转化为模糊失效概率以保证 FPS 和 FFR 的一致性。

$$FFR = \begin{cases} \dfrac{1}{10^k} & (FPS \neq 0) \\ 0 & (FPS = 0) \end{cases} \quad \left[k = 2.301 \times \left(\frac{1-FPS}{FPS} \right)^{\frac{1}{3}} \right] \tag{7-13}$$

将 $FPS_T(W) = 0.432\,75$ 带入式(7-13),得 $k = 2.518$,即 $FFR = 0.303\,4 \times 10^{-2}$。本书取 $\max\{$专家打分$\}$ 分析底事件最终对顶事件产生的影响,如 X_5 "底坡变大"、X_{15} "底坡变缓" 因其位置和底坡变化比不同对顶事件产生的影响不同,取专家打分最大值分析对中间事件进而对顶事件产生的影响。同理,得到其他底事件的 FFR,如表 7-2 所示。

表 7-2　冰坝故障树各底事件 FFR

底事件	概率($\times 10^{-2}$)	底事件	概率($\times 10^{-2}$)
X_1	1.238 8	X_{10}	1.640 6
X_2	0.251 8	X_{11}	0.075 3
X_3	0.151 7	X_{12}	0.492 0
X_4	0.833 7	X_{13}	0.788 9
X_5	0.449 8	X_{14}	0.083 6
X_6	0.303 4	X_{15}	0.944 1
X_7	0.405 5	X_{16}	1.485 9
X_8	0.837 5	X_{17}	0.803 5
X_9	0.328 1	X_{18}	0.298 5

7.3.6　冰坝故障树顶事件概率的计算

以底事件概率为基础求出最小割集的概率,以 K_1 为例, $P(K_1) = X_3 X_{13} = 0.151\ 7 \times 10^{-2} \times 0.788\ 9 \times 10^{-2} = 0.119\ 7 \times 10^{-4}$。同理,可求出其他最小割集的概率,如图 7-6 所示。

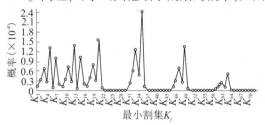

图 7-6　最小割集概率

分析概率得出,尽管 X_{14} 的概率均小于 X_1、X_5 的概率,但 $K_{22} = (X_{14} X_{15})$ 的概率大于 $K_{23} = (X_1 X_5 X_{15})$ 的概率,说明在与闸门连接中,组成事件 X_1、X_5、X_{15} 同时发生才会导致 K_{23} 的发生,因此 K_{23} 的发生概率较小。

每个最小割集的并事件组成故障树顶事件,其概率公式为

$$P(T) = \sum_{j=1}^{n} P(K_j) \tag{7-14}$$

式中, $K_1, K_2, \cdots, K_j$ 为故障树第 $1,2,3,\cdots,j$ 个最小割集; n 为故障树最小割集总数。

通过计算分析,由式(7-14)可得冰坝故障树顶事件发生的概率为 $P(T) = 0.202\ 9 \times 10^{-2}$,根据《大中型水电工程建设风险管理规范》(GB 50927—2013)中关于风险等级划分标准,发生冰坝的风险等级为三级,即偶尔发生级。目前,南水北调中线冰期输水原型观测相关文献显示本书研究渠道冰坝事件较少,且未造成严重后果,与本书风险评价结果具有一定的一致性,模型具有推广应用性。

7.4　分析讨论

7.4.1　主要风险因子分析

由表 7-2 可观察到,底事件的概率分布范围为 $0.07 \times 10^{-2} \sim 1.7 \times 10^{-2}$,将底事件概率按大小排序,发现 $0.4 \times 10^{-2} \sim 0.7 \times 10^{-2}$ 跨度较大,因此将所有底事件按概率是否大于 0.7×10^{-2} 分为两类,称概率大于 0.7×10^{-2} 的底事件为主要风险因子,包括 8 个主要风险因子,分别为气象条件、断面束窄、闸门故障、调度决策失误、冰盖影响、底坡变缓、控制建筑物、桥墩阻挡。针对主要风险因子,提出风险防控建议如下:

(1)气象条件是影响冰坝形成的主要热力因素,包含气温、太阳辐射、日照时间和风速风向等因子,可以通过完善调水工程冬季运行气象预报技术,为调水工程冰情防控提供数据支持。

(2)闸门可能存在内部故障、冻结失灵问题,可以通过定期检修、扰冰或人工除冰减少闸门故障。

（3）支持调度决策的资料出现错误可能会导致决策失误，通过做好水力参数、气象、水温等相关变量检测记录，提高冰情预报准确性，减少决策失误。

（4）流冰易在断面束窄处下潜，底坡变缓处堆积，进而提供冰坝形成条件，可以通过在设计阶段优化束窄因子和变缓因子，减少渠道尺寸变化，降低冰坝风险。

（5）冰盖影响主要是渠系内部冰盖范围、厚度的变化引起较大的水力波动，一方面，容易造成冰盖破碎，为形成冰坝提供风险源；另一方面，水力波动容易造成冰块下潜，为冰坝形成提供孕灾环境。因此，需要紧密观测冰盖特性变化，加强闸门群运行调度计划研究，以减小冰盖变化造成的不利水力响应。

（6）控制建筑物设计为过水不过冰的形式，易造成大量流冰块在闸前堆积，是调水工程不可避免的现象，也是区别于河冰问题的重要表现，可以在设计阶段合理分配控制建筑物间距而控制其阻冰量；在运行阶段，在控制建筑物前布设拦冰设施拦截流冰，并通过机械捞冰或排冰闸排冰，以及通过热融等方式来减少渠池内总冰量来控制冰坝规模，降低风险。

（7）桥墩阻挡是形成初始冰坝的条件之一，在进行相关工程设计时，应尽可能避免渠道断面中布设桥墩。

7.4.2 降低冰坝风险概率分析

按风险因子的可控性将主要风险因子分为可控风险因子和非可控风险因子，同时可控风险因子又分为设计阶段可控和运行阶段可控，主要风险因子分类见表7-3。

表7-3 主要风险因子分类

可控风险因子		非可控风险因子
设计阶段可控	运行阶段可控	
断面束窄 X_4	闸门故障 X_8	气象条件 X_1
底坡变缓 X_{15}	调度决策失误 X_{10}	
桥墩等阻挡 X_{17}	控制建筑物 X_{16}	冰盖影响 X_{13}

从工程设计阶段和运行阶段两方面，通过不同程度降低可控风险因子概率，探讨对冰坝风险的影响。

7.4.2.1 单因子对冰坝风险影响分析

单一可控风险因子对冰坝风险的影响如图7-7所示。由图7-7可知：

（1）控制各因子均能降低冰坝风险，降低程度随控制程度而增大。

（2）控制调度决策失误能最大程度地降低冰坝风险，完全控制时，冰坝风险概率降为 $0.118\,351 \times 10^{-2}$，风险降低 41.67%。

（3）完全控制其余风险因子时，冰坝风险降低程度排序为：控制建筑物（25.45%）>闸门故障（21.27%）>断面束窄（20.28%）>底坡变缓（16.17%）>桥墩阻挡（13.76%）。不同控制强度下，冰坝风险降低程度排序与该结果保持一致。

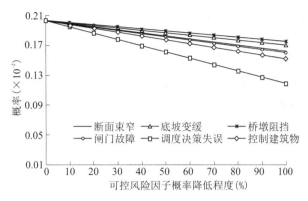

图 7-7　单一可控风险因子对冰坝风险的影响

7.4.2.2　多因子联合对冰坝风险影响分析

所有可控风险因子对冰坝风险的影响如图 7-8 所示。由图 7-8 可知：

（1）控制设计阶段因子能有效降低冰坝风险，降低效果随控制程度而增强，完全控制时，冰坝风险概率为 $0.100\ 992\times10^{-2}$，风险降低 50.23%。

（2）控制运行阶段因子降低冰坝风险的效果优于控制设计阶段因子，控制程度为 70% 时，冰坝风险概率为 $0.095\ 382\times10^{-2}$，风险等级降为二级，风险降低 52.99%；完全控制时，冰坝风险概率为 $0.060\ 342\times10^{-2}$，风险降低 70.26%。

（3）同时控制设计阶段和运行阶段因子，对冰坝风险降低效果最好，控制程度为 50% 时，冰坝风险概率降为 $0.087\ 46\times10^{-2}$，风险等级降为二级，风险降低 56.89%；完全控制时，冰坝风险概率降为 $0.022\ 384\times10^{-2}$，风险降低 88.97。

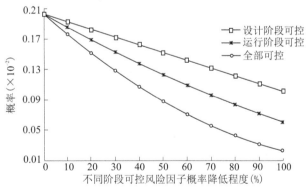

图 7-8　所有可控风险因子对冰坝风险的影响

综上所述，本章以调水工程冰坝风险评估的方式来提高工程冬季运行风险防控安全性与针对性，提出了基于模糊故障树的调水工程冰坝风险评估方法，得到的结论主要如下：

（1）从产冰、输冰和冰块运动三个方面，建立了调水工程冰坝风险故障树，得到 18 个致灾风险因子，确定了 72 个最小割集，且明确气象条件、断面束窄、闸门故障、调度决策失误、冰盖影响、底坡变缓、控制建筑物和桥墩阻挡 8 个因子为主要风险因子。

（2）提出了基于模糊故障树的调水工程冰坝风险评价模型，并以南水北调中线工程总干渠部分渠道为例,结合专家打分法,确定该渠道的冰坝风险发生概率为 $0.202\ 9\times 10^{-2}$,定级为偶尔发生的三级风险。

(3)针对主要风险指标提出了冰坝的防控建议。控制各可控指标可以有效降低冰坝的风险。在运行和设计阶段控制可控指标时,冰坝的风险降低效果最好。在完全控制的情况下,冰坝风险概率确定为 $0.022\ 384\times 10^{-2}$,风险等级降至Ⅱ级,风险降低了88.97%。

第8章

调水工程冰塞/坝洪水风险保险应对分析

调水工程渠水外翻形成的洪水与天然河道的洪水存在一定差异,主要体现在以下方面:①调水工程为人为修建,渠道两侧已有城市或村庄布局,沿线区域被迫面临冰坝洪水风险。②渠水外翻与工程管理部门的冰期输水技术有一定关联性。③工程沿线区域面临冰坝洪水风险的时间较短,且部分工程尚未发生重大事故,所以沿线区域居民对冰坝洪水认识不足。④相关洪水保险业务体系在缺水的华北地区尚未形成。因此,需要工程管理单位、沿线周边利益主体和保险企业共同参与调水工程冰坝洪水风险转移问题,保障沿线区域居民人身财产权利及促进工程安全运行。

因此,针对调水工程冰坝洪水风险保险在权责利与实施方式等方面均尚不明确的问题,研究针对类似南水北调中线工程这样存在冰期输水问题的调水工程,建立工程管理单位—沿线周边利益主体—保险企业三方博弈模型,就冰坝洪水风险投保与承保问题进行分析,提出三方利益均衡共赢策略,进而促进风险分担,维护工程运行与社会稳定。

8.1　三方演化博弈模型

8.1.1　模型假设及参数设置

研究假设冰坝洪水风险保险分为基本险和附加险,基本险承保对象为沿线农业、房屋、室内财产及企业财产,保费由工程管理单位承担;附加险是对基本险承保金额的追加,沿线周边利益主体根据自身需求选择附加险,进一步规避冰坝洪水风险,保费由其自行承担。

(1)从工程管理单位、沿线周边利益主体和保险企业三方视角展开博弈分析,其中工程管理单位的策略包括投基本险和不投基本险;沿线周边利益主体的策略包括投附加险和不投附加险;保险企业的策略包括承保和不承保。

(2)E_1 为基本险保费,E_2 为附加险保费,ρ 为冰坝洪水发生概率,g 为冰坝洪水风险保险免赔率,α_1 为工程管理单位风险损失高于 g 的概率,L_1 为其风险损失,α_2 为沿线周边利益主体风险损失高于 g 的概率,L_2 为其风险损失,C 为保险企业经营冰坝洪水风险保险管理成本,M_1 为基本险赔付额,M_2 为附加险赔付额,K 为保险企业承保冰坝洪水风险所获社会收益,如公信力、认知度提升。

(3)工程管理单位选择投基本险概率为 x,不投基本险概率为 $1-x$;沿线周边利益主体选择投附加险概率为 y,不投附加险概率为 $1-y$;保险企业选择承保概率为 z,不承保概率为 $1-z$。

上述假设参数均大于 0,相关损失值取对应相反数,且概率参数取值区间为 $[0,1]$。

8.1.2 演化博弈模型构建

根据以上假设得到工程管理单位、沿线周边利益主体和保险企业三方演化博弈模型,如图 8-1 所示。

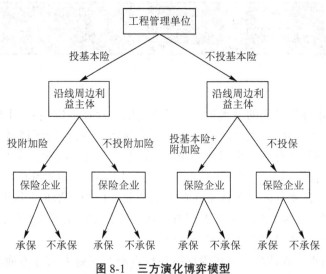

图 8-1　三方演化博弈模型

该演化博弈模型有 8 种策略组合形式,根据模型假设相关参数,计算不同策略组合下各利益主体的收益矩阵,结果如表 8-1 所示。

表 8-1　各利益主体收益矩阵

策略组合	工程管理单位	沿线周边利益主体	保险企业
(投基本险,投附加险,承保)	$M_1-E_1-\rho\alpha_1 L_1$	$M_2-E_2-\rho\alpha_2 L_2$	$-\rho\alpha_1 M_1+E_1-\rho\alpha_2 M_2+E_2-C+K$
(投基本险,投附加险,不承保)	$-\rho\alpha_1 L_1$	$-\rho\alpha_2 L_2$	0
(投基本险,不投附加险,承保)	$M_1-E_1-\rho\alpha_1 L_1$	$-\rho\alpha_2 L_2$	$-\rho\alpha_1 M_1+E_1-C+K$
(投基本险,不投附加险,不承保)	$-\rho\alpha_1 L_1$	$-\rho\alpha_2 L_2$	0
(不投基本险,投基本险+附加险,承保)	$-\rho\alpha_1 L_1$	$M_1-E_1+M_2-E_2-\rho\alpha_2 L_2$	$-\rho\alpha_1 M_1+E_1-\rho\alpha_2 M_2+E_2-C+K$
(不投基本险,投基本险+附加险,不承保)	$-\rho\alpha_1 L_1$	$-\rho\alpha_2 L_2$	0
(不投基本险,不投保,承保)	$-\rho\alpha_1 L_1$	$-\rho\alpha_2 L_2$	$-C+K$
(不投基本险,不投保,不承保)	$-\rho\alpha_1 L_1$	$-\rho\alpha_2 L_2$	0

8.2 三方利益均衡最优策略

8.2.1 理论求解

工程管理单位选择投基本险和不投基本险策略的期望收益 $E(x_1)$、$E(x_2)$ 及其平均期望收益 $E(x)$ 分别为

$$\begin{cases} E(x_1) = yz(M_1 - E_1 - \rho\alpha_1 L_1) + (1-y)z(M_1 - E_1 - \rho\alpha_1 L_1) + \\ \qquad y(1-z)(-\rho\alpha_1 L_1) + (1-y)(1-z)(-\rho\alpha_1 L_1) \\ E(x_2) = yz(-\rho\alpha_1 L_1) + (1-y)z(-\rho\alpha_1 L_1) + y(1-z)(-\rho\alpha_1 L_1) + \qquad (8\text{-}1) \\ \qquad (1-y)(1-z)(-\rho\alpha_1 L_1) \\ E(x) = xE(x_1) + (1-x)E(x_2) \end{cases}$$

沿线周边利益主体选择投附加险和不投附加险策略的期望收益 $E(y_1)$、$E(y_2)$ 特征值为零的情况时,无法判定该均衡点的稳定性。将 8 个均衡点代入雅可比矩阵以求出相应特征值,结果如表 8-2 所示。

表 8-2 均衡点稳定性分析

均衡点	Jacobian 矩阵特征值		渐进稳定性	条件
	$\lambda_1, \lambda_2, \lambda_3$	实部符号		
$E_1[0,0,0]$	$0,\ 0,\ -C+K$	$(0,0,-)$	ESS	①
$E_2[0,0,1]$	$M_1-E_1,\ M_1-E_1+M_2-E_2,\ C-K$	$(+,+,+)$	不稳定	—
$E_3[1,0,0]$	$0,\ 0,\ -\rho\alpha_1 M_1+E_1-C+K$	$(0,0,+)$	不稳定	—
$E_4[0,1,0]$	$0,\ 0,\ -\rho\alpha_2 M_2+E_2-C+K$	$(0,0,+)$	不稳定	—
$E_5[1,1,0]$	$0,\ 0,\ -\rho\alpha_1 M_1+E_1-\rho\alpha_2 M_2+E_2-C+K$	$(0,0,+)$	不稳定	—
$E_6[0,1,1]$	$M_1-E_1,\ -M_1+E_1-M_2-E_2,\ \rho\alpha_1 M_1-E_1+\rho\alpha_2 M_2-E_2+C-K$	$(+,-,-)$	不稳定	—
$E_7[1,0,1]$	$-M_1+E_1,\ M_2-E_2,\ \rho\alpha_1 M_1-E_1+C-K$	$(-,+,-)$	不稳定	—
$E_8[1,1,1]$	$-M_1+E_1,\ -M_2+E_2,\ \rho\alpha_1 M_1-E_1+\rho\alpha_2 M_2-E_2+C-K$	$(-,-,-)$	ESS	②

注:①$M_1>E_1$,$M_2>E_2$,$-C+K<0$;②$M_1>E_1$,$M_2>E_2$,$\rho\alpha_1 M_1-E_1+\rho\alpha_2 M_2-E_2+C-K<0$。

当 $M_1>E_1$,$M_2>E_2$,$C-K>0$,$\rho\alpha_1 M_1-E_1+C-K<0$,$\rho\alpha_2 M_2-E_2+C-K<0$ 时,满足条件①和②,复制动态系统存在两个稳定点 $E_1[0,0,0]$、$E_8[1,1,1]$。

8.2.2 最优策略确定

在 $E_1[0,0,0]$(不投基本险,不投附加险,不承保)稳定策略下,冰坝洪水无风险分散机制,易造成巨大经济损失,给政府灾后救助带来财政压力,只是理论上的演化稳定策略,而不是当前最优风险规避策略。政府应发挥引导作用,给予一定保费补贴,激励投保主体投保。同时,鼓励保险企业承保冰坝洪水风险,为其提供相应的税收优惠或承担一定比例的赔偿费用,发挥洪水保险非工程措施作用,减小灾害影响范围。

由表 8-1 可知,在 $E_8[1,1,1]$(投基本险,投附加险,承保)稳定策略下,保险企业收益为 $-\rho\alpha_1 M_1+E_1-\rho\alpha_2 M_2+E_2-C+K$,为雅克比矩阵特征值 λ_3 的相反数。当保费取值区间为 $E_1\in[\rho\alpha_1 M_1+C-K,\rho\alpha_1 M_1+(C-K)/x]$,$E_2\in[\rho\alpha_2 M_2+(C-K)/y-(-\rho\alpha_1 M_1+E_1)/y,\rho\alpha_2 M_2+(C-K)/y-(-\rho\alpha_1 M_1+E_1)]$,并满足 $E_1+E_2>\rho\alpha_1 M_1+\rho\alpha_2 M_2+C-K$ 时,保险企业经营冰坝洪水风险保险可获得盈利,其承保积极性增加;若发生洪灾,投保主体能及时获得补偿,达到转移冰坝洪水风险的目的,其投保意愿增加。该策略是目前风险规避最优稳定策略,也是市场机制作用下的一种长期稳定状态。

8.3 参数影响仿真分析

为验证博弈模型的演化稳定状态,满足上述约束条件①和②给模型参数赋值,并利用 Matlab 进行数值仿真,分析相关参数对稳定策略的影响。根据《大中型水电工程建设风险管理规范》(GB/T 50927—2013)中风险等级对应的概率范围,设定 $\rho=0.06$。初始时,假设各博弈主体的策略选择概率均相同,且 $\alpha_1=0.5$,$\alpha_2=0.5$。复制动态方程中相关参数设定为:$E_1=400$,$E_2=100$,$M_1=10\,000$,$M_2=2\,500$,$C=65$,$K=50$,分析保险及概率相关参数对模型演化路径的影响。

8.3.1 保险参数对稳定策略影响

8.3.1.1 保费影响

赋予 $E_1=400$、$E_1=500$、$E_1=600$,将复制动态方程组随时间演化 50 次,分析 E_1 变化对模型演化路径的影响。同理,赋予 $E_2=0$、$E_2=100$、$E_2=200$,仿真结果如图 8-2 所示。

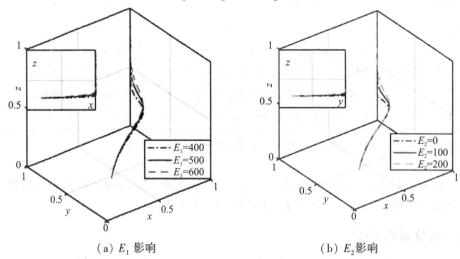

（a）E_1 影响 　　　　　　　　（b）E_2 影响

图 8-2　不同 E_1、E_2 的模型演化轨迹

由图 8-2 可知,在博弈模型演化至均衡点的过程中,增加 E_1、E_2 均能加快模型演化速度,并引起承保概率上升,投保概率下降。因此,确定保费时,需寻找两者概率变化的平衡点,以提高模型演化效率。

8.3.1.2　赔付额影响

赋予 $M_1 = 8\,000$、$M_1 = 10\,000$、$M_1 = 12\,000$，复制动态方程组随时间演化 50 次，分析 M_1 变化对博弈模型演化路径的影响。同理，赋予 $M_2 = 2\,000$、$M_2 = 2\,500$、$M_2 = 3\,000$，仿真结果如图 8-3 所示。

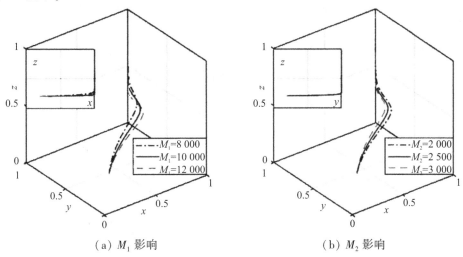

（a）M_1 影响　　　　　　　　（b）M_2 影响

图 8-3　不同 M_1、M_2 的模型演化轨迹

由图 8-3 可知，降低 M_1、M_2 均能加快博弈模型演化速度，使承保基本险概率降低，投保基本险概率升高，而增加 M_1、M_2 具有相反效应，但附加险赔付额变动未对该险种承保及投保概率产生明显影响。因此，确定 M_1 时，应控制承保和投保基本险概率变化幅度，并适当减小 M_2 以提升模型演化效果。

8.3.2　概率参数对稳定策略影响

8.3.2.1　冰坝洪水概率 ρ

令 $\rho = 0, 0.01, \cdots, 0.12$，探讨 ρ 值变化对博弈模型演化路径的影响，仿真过程如图 8-4 所示。

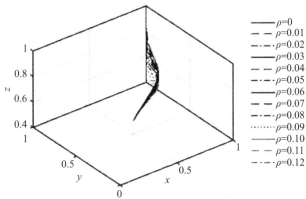

图 8-4　不同 ρ 的模型演化轨迹

由图8-4可知,随冰坝洪水发生概率增大($\rho = 0 \sim 0.07$),博弈模型的演化稳定策略始终为(投基本险,投附加险,承保),但趋于稳定策略的演化速度减慢;持续增大 ρ 值($\rho = 0.08 \sim 1$),博弈模型无演化稳定策略,原因在于冰坝洪水风险过高,保险企业承保该风险利润空间过小甚至为负;冰坝洪水发生概率存在改变模型演化方向的临界值($\rho = 0.07$)。因此,在完成投保后,还应考虑保险企业或相关专家建议采取一系列工程措施降低冰坝洪水风险。

8.3.2.2 风险损失高于免赔率概率 α_1、α_2

令 $\alpha_1 = 0, 0.1, \cdots, 1$,探讨 α_1 变化对博弈模型演化路径的影响。同理,令 $\alpha_2 = 0, 0.1, \cdots, 1$,仿真结果如图8-5所示。

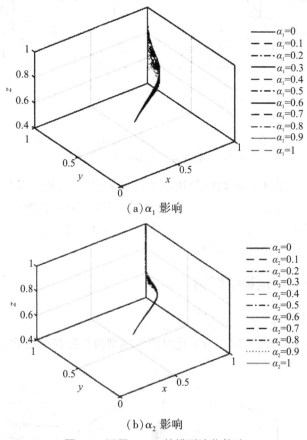

图 8-5　不同 α_1、α_2 的模型演化轨迹

由图8-5可知,增大 α_1、α_2 均能使博弈模型演化速度减慢,且增大 α_1 对模型演化速度降低效果高于 α_2,但演化结果始终保持不变,仍为(投基本险,投附加险,承保)策略。

8.3.2.3 策略选择概率 x、y、z

令 $x = 0.2$、$x = 0.4$、$x = 0.6$、$x = 0.8$,探讨策略选择概率变化对博弈模型演化路径的影响。同理,令 $y = z = 0.2$、$y = z = 0.4$、$y = z = 0.6$、$y = z = 0.8$,仿真结果如图8-6所示。

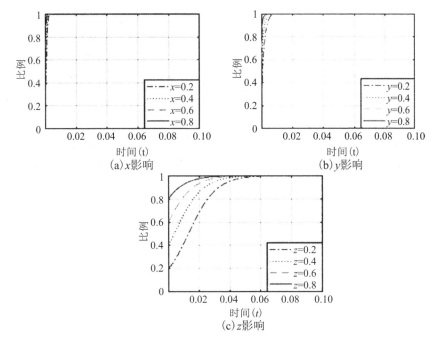

图 8-6　各利益主体策略选择概率影响

由图 8-6 可知：

（1）增大各利益主体的策略选择概率，均能缩短博弈模型趋向于稳定策略的时间，且概率越大，演化速度越快。

（2）增大策略选择概率所引起的演化速度提升效果排序为：保险企业承保概率 z > 沿线周边利益主体投保附加险概率 y > 工程管理单位投保基本险概率 x。

（3）各利益主体均向同一方向演化，最终达到理想演化均衡点 $E_8[1,1,1]$。

8.3.3　冰坝洪水风险保险推行建议

通过 Matlab 仿真分析不同参数变动对模型演化路径的影响，发现取值变化会加快或减慢模型演化速度，且冰坝洪水发生概率过高将导致模型无演化稳定策略。基于此，提出以下建议：

（1）工程管理单位：保险企业具有丰富的风险管理经验，在购买冰坝洪水基本险后，结合相关专家及保险企业建议，采取一定措施降低冰坝洪水风险。同时，还要开展冰坝洪水应急抢险技术研究，制定应急抢险预案，以便冰坝洪水发生时指导工作人员迅速采取有效处置措施。

（2）沿线周边利益主体：当地分局或管理处应积极引导周边利益主体科学认知冰坝洪水灾害，提高洪灾防范意识。同时，还应开展应对冰坝洪水安全教育，提供周边利益主体了解冰坝洪水保险的渠道，对重要财物可购买冰坝洪水附加险，增大风险转移能力，以便灾后及时获得经济补偿。

（3）保险企业：作为冰坝洪水保险产品的提供主体，保险企业在推广该险种的同时还应承担一部分社会责任。保费确定需基于冰坝洪水风险评估结果及沿线周边经济发展状况,在保证自身获利的前提下,可适当给予投保人优惠,形成投保承保良性局面。

综上所述,本书针对调水工程冰坝洪水风险保险问题,建立工程管理单位—沿线周边利益主体—保险企业三方演化博弈模型,经理论求解,得出三方最优演化稳定策略为(投基本险,投附加险,承保),并结合参数取值对稳定策略的仿真影响分析认为:

(1)增加保费、减少赔付额、减小风险损失免赔率及增大各利益主体策略选择概率均会促进模型趋于稳定策略演化。

(2)调水工程冰坝洪水发生概率存在改变博弈模型演化方向的临界值,当 ρ 高于此值时,模型无演化稳定策略;只有当 ρ 较低时,模型趋于稳定策略演化。

第9章

基于冰塞风险防控的运行方式比选

9.1 基本情况

9.1.1 问题的引出

国内外相关学者非常关注冰块下潜临界指标,目前常采用的是流速指标和弗汝德数指标。当指标小于第一临界指标时,封冻形式为平封;当指标介于第一临界指标和第二临界指标之间时,封冻形式为立封;当指标值大于第二临界指标时,封冻范围停止增长,来冰下潜形成冰塞。对于冰塞形成的临界条件,Maclachlan 根据圣·劳伦斯河观测资料,认为冰块在冰盖前缘下潜的临界流速为 0.69 m/s,Kivisild 认为临界弗汝德数在 0.06 至 0.1 变化,孙肇初认为临界弗汝德数近似为 0.09;在渠道冰期运行安全方面,刘之平等将渠道内水流流速不超过 0.6 m/s 作为冰期输水的水力控制指标之一,段文刚通过原型观测总结渠池上游控制断面平均流速 $v \leqslant 0.40$ m/s,下游控制断面平均流速 $v \leqslant 0.35$ m/s,上游控制断面 $Fr \leqslant 0.065$,下游控制断面 $Fr \leqslant 0.055$。

无论是流速指标还是弗汝德数指标的大小均跟渠道输水流量和运行水位有关。在恒定流量下,只和运行水位有关。影响渠系水位的因素为渠系运行方式,渠道常用运行方式包括下游常水位、等体积和上游常水位,三种运行方式的控制点分别为控制点 1、控制点 2 和控制点 3,如图 9-1 所示。整体而言,三种运行方式下的渠道水深均呈现自上游至下游逐渐增大的趋势,断面流速与弗汝德数均呈现自上游至下游逐渐减小的趋势。因此,在渠系冬季运行时,控制渠池上游水力指标小于冰塞产生临界条件可减小冰塞形成风险。

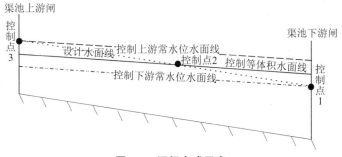

图 9-1　运行方式示意

在渠系冰期输水运行控制方面,颜炳池、郭新蕾分别通过原型观测、数值模拟对南水北调中线冰情(水温、结冰范围、封冻过程和水位波动)进行了预测分析;徐冬梅在总结冰期运行工作经验的基础上,提出了冰期输水调度策略;黄国兵、刘建军总结了长距离输水渠道冰情生消演变的基本规律,并提出了防护措施;穆祥鹏利用渠系冰期输水运行控制模型,揭示了在控制器作用下的中线冰期输水特性;杨开林研究了开河特点及冰凌灾害控制方法,提出了在明渠中形成稳定初始冰盖的临界水利条件;赵新重点研究了输水工程冰期输水能力和冰害防控措施;刘孟凯对不同冰情阶段的渠系水力响应进行了分析,并提出了减小水力响应幅度的方法。

相关冰期输水研究主要基于下游常水位运行开展。本章以南水北调中线工程总干渠京石段为研究对象,在分析运行方式对冰塞形成临界水力条件影响的基础上,探讨封冻期渠系冰期输水运行方式切换造成的渠系水力响应特性,通过选择更有利于维持封冻期水面稳定和冰盖完整性的渠系运行方式,达到降低冰塞冰坝形成可能性的目的。

9.1.2　比选思路与条件

模型思路如图 9-2 所示,其中考虑研究背景工程具有借助寒潮而在夜间快速形成大范围封冻的特征,且假设流冰对非恒定流过程影响可以忽略。因此,模型不考虑流冰过程模拟,仅用于模拟部分范围内快速形成冰盖的渠系水力响应情况。

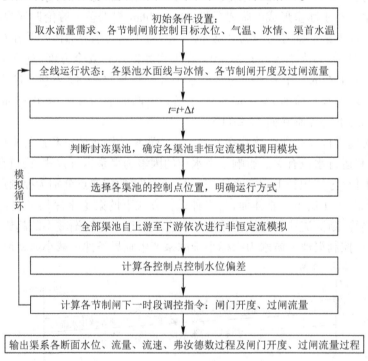

图 9-2　模型思路

采用的模拟渠系为南水北调中线工程总干渠京石段,起点为石家庄古运河节制闸,终点为河北省渠道终点,输水线路长 227.4 km。京石段示意见图 9-3。

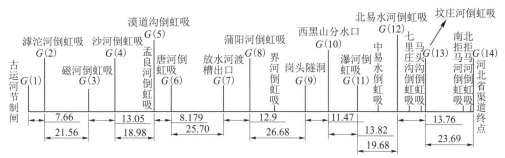

图 9-3　京石段示意 （单位：mm）

本章模拟分析所采用的京石段各渠池过闸流量分配如表9-1所示。

表 9-1　过闸流量目标状态

闸门编号	1	2	3	4	6	7	8	9	10	11	12	13
过闸流量（m³/s）	50	50	50	50	30	30	30	30	20	20	20	20

9.2　运行方式水力条件对比

9.2.1　运行方式对封冻形式判定指标影响

假定渠系在同一输水流量状态下,分别采取下游闸前常水位、等体积和上游闸后常水位,控制点均为控制断面设计水位,各渠池最大流速和弗汝德数指标如图9-4所示。可见,同一渠池在三种运行方式作用下,其流速和弗汝德数两个指标随着运行方式选择下游常水位、等体积和上游常水位而不断减小,其中,下游常水位运行方式下,部分渠池流速和弗汝德数指标均超过临界指标,渠道将面临冰塞风险,威胁输水安全。因此,对于3种运行方式,若采用上游常水位,流速指标最小,形成冰塞的风险最小,然后依次为等体积和下游常水位。

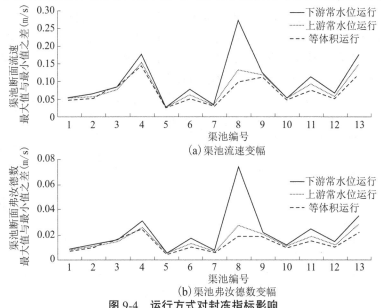

(a) 渠池流速变幅

(b) 渠池弗汝德数变幅

图 9-4　运行方式对封冻指标影响

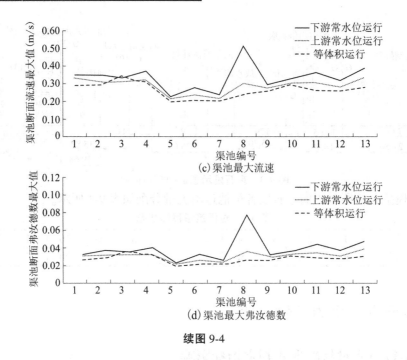

(c) 渠池最大流速

(d) 渠池最大弗汝德数

续图 9-4

9.2.2 运行方式对渠系响应及时性影响

南水北调中线工程总干渠由南至北整体布局,下游渠池往往先于上游渠池开始流冰和封冻,渠道封冻或产生冰塞后,会对附近断面产生水力影响,这个影响会随水波引起更远断面的水力响应。因此,根据图 9-5 所示的渠系运行控制思路,对于 3 种运行方式而言,若采用下游常水位,渠池下游端封冻引起的水力响应,会早于其他两种运行方式传输给传感器,上游闸门会及时做出响应平稳水流、保持输水流量。以京石段渠池 13 下游于模拟开始第 1 小时后形成长 11 km、厚 2 cm 的冰盖为例,模拟得到京石段 13 个节制闸首次操作时间如图 9-5 所示,可见,下游常水位较上游常水位因封冻造成的渠系响应更为及时,13 号闸门首次响应时间分别为 1.25 h 和 1.75 h,这种差异在封冻上游渠池不断放大。因此,对响应及时性而言,下游常水位最优、等体积、上游常水位依次次之。

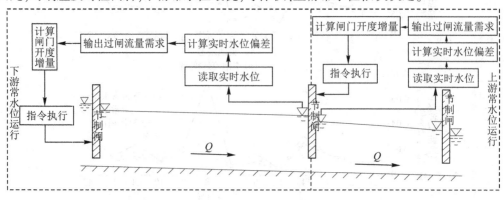

图 9-5 渠系运行控制思路

通过上述分析,选择上游常水位运行时,流速较小,有利于减小出现冰塞的风险,但水力响应的反应速度较慢,水力波动大,不利于各分水口的稳定取水和渠道及建筑物的安全;选择下游常水位运行时,能对流量变化做出快速响应,但流速指标与弗汝德数指标大,输水安全存在隐患;等体积运行方式较为中庸。闸门首次响应时间如图9-6所示。

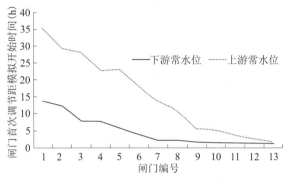

图9-6　闸门首次响应时间

9.3　封冻期运行方式切换分析

基于渠系不同运行方式对冰期输水具有上述影响,考虑南水北调中线总干渠按下游常水位运行状态设计与运行,此处仅将下游常水位和等体积纳入冰期输水考虑范围。本节分析封冻时,封冻渠池由下游常水位切换为等体积运行状态对渠系水力响应及冰塞防控的影响,探讨运行方式切换的可行性,其中要求非封冻渠池仍保持初始运行方式不变。未考虑冰盖的形成过程和水位波动可能造成的已有冰盖破碎的可能性,而是从运行方式角度,以水位波动最小为运行方式选取指标,认为水位波动更小,对减小冰塞形成和冰盖破坏可能性有利。

模拟工况设定为渠池13在模拟开始1 h后短时间内形成覆盖整个渠池水面、厚2 cm的冰盖,且新生冰盖糙率在模拟时段始终为0.015,与渠道糙率相同;PI控制器参数K_p取0,K_i取0.4;封冻前的渠系13个渠池的运行方式均为下游常水位,但渠池13封冻后,仅该渠池考虑下游常水位和等体积两种运行方式切换。

9.3.1　稳定状态对比

在封冻瞬间切换该渠池运行状态为等体积后的稳定水位、流速、弗汝德数,如图9-7和图9-8所示。可见,封冻条件下,若采用下游常水位运行,即不切换运行方式,渠池为了维持原有的目标输水流量,必然造成渠池上游闸后水位抬升约20 cm,抬升值随输水流量、冰盖糙率、冰盖厚度增大而增大;若在封冻时刻,切换封冻渠池为等体积运行方式,渠池水位较不切换时整体下降,渠池上游降低8 cm,渠池下游降低12 cm;因渠池切换运行方式,造成稳定状态后的渠池流速和弗汝德数均较不切换大,但无论是否切换运行方式,封冻后的流速和弗汝德数均较封冻前减小。对于部分渠池封冻,也存在上述规律。可见,从稳定状态考虑,封冻对渠池冰塞防控有利,且下游常水位较等体积运行方式有利。

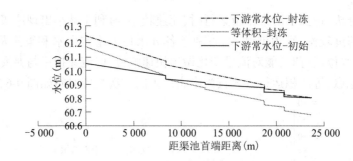

图 9-7　封冻造成的稳定水位对比

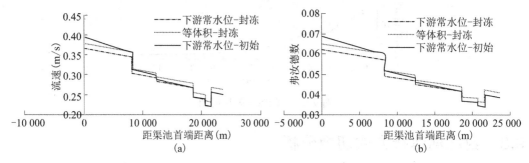

图 9-8　封冻造成的稳定阶段水力指标对比

9.3.2　水力过程对比

在封冻阶段,渠系继续保持下游常水位运行方式和切换为等体积运行方式对应的水力响应过程模拟结果如图 9-9 和图 9-10 所示,其中水位偏差是指模拟实时水位偏离初始稳定水位,正值表示水位上升,负值表示水位降低。结果显示,下游常水位运行造成渠池 13 水位波动最大,封冻对上游渠池影响逐渐减小,对渠池 1 水力响应无影响,渠池 13 上游最大水位偏差约为 23 cm,下游水位最大偏差约为−9 cm;封冻渠池及时切换为等体积时,渠池 13 最大水位偏差降低为 12 cm,下游水位最大偏差约−12 cm,但较下游常水位的 −9 cm 偏离较小,且封冻对上游其他渠池的影响也较下游常水位小;从流速角度,渠池 13 各断面在水位波动过程中,等体积运行方式造成的断面最大流速较下游常水位小,如图 9-11 所示,若采用下游常水位,在渠池 13 封冻过程中,渠池上游约 8 km 范围均超过 0.4 m/s 控制条件,而采用等体积则未出现该现象,因此考虑冰塞容易形成于渠池封冻过程中,渠池封冻时切换为等体积对冰塞防控非常有利。

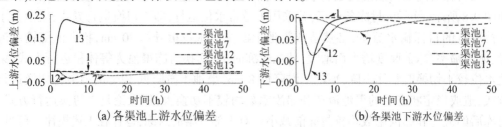

(a)各渠池上游水位偏差　　　　　　　(b)各渠池下游水位偏差

图 9-9　下游常水位运行结果

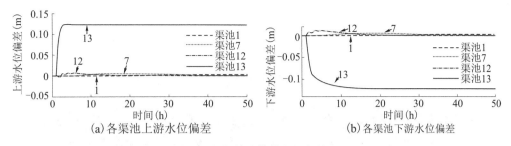

图 9-10 切换为等体积运行结果

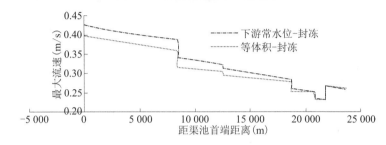

图 9-11 水力响应过程中各断面最大流速

综上所述,以流速、弗汝德数、水位偏差等参数作为指标,在常规运行方式选择方面,认为上游常水位运行造成的冰塞风险最小,下游常水位运行在封冻时闸门调控及时,等体积运行方式中庸;封冻渠池在封冻时,该渠池运行方式由下游常水位切换为等体积,造成渠系的水位偏差、水力响应过程中的最大流速与弗汝德数等指标均较始终保持下游常水位小,模拟工况下的上游水位偏差减小近 50%,最大流速降低约 6.5%,表明运行方式切换更有利于维持渠系在封冻时的稳定和减小冰塞风险。因此,推荐封冻渠池在封冻时由下游常水位切换至等体积运行。

第 10 章

总干渠冰期输水实时调控模式研究

10.1 控制器设计

研究基于常用的 PI 控制器,引入寻优控制器,优化闸门群调度过程,实现有效抑制封冻过渡期水力响应过大目标。

10.1.1 反馈控制器

研究建立的渠系自动化控制模型在应对渠系封冻时,若渠系水位偏离控制目标较小,则采用增量式 PI 控制器,由控制断面处的实时水位波动,通过反馈环节产生该渠池上游端节制闸的闸门流量调节时段增量,促使控制目标的实现与稳定:

$$\Delta Q = K_P (Y_T - Y_F) + K_i \int_0^t (Y_T - Y_F) \, \mathrm{d}t \tag{10-1}$$

式中,Y_F 为实时水位,m;Y_T 为目标水位,m;K_p 为比例系数;K_i 为积分系数。

根据闸门过流公式反算求出闸门开度,该渠池上游端节制闸的闸门开度调节时段增量为

$$\Delta G = f(\Delta Q, \Delta h, G) \tag{10-2}$$

式中,Δh 为闸门前后水头差,m;G 为闸门现状开度,m。

10.1.2 寻优控制器

研究建立的渠系自动化控制模型在应对渠系封冻时,若渠系任一渠池的水位偏离控制目标较大,则全部闸门同步调整控制器为寻优控制器,通过联合调度减小水位偏差。

10.1.2.1 目标函数

模型选用渠池下游末端水位波动的最大值 E 最小为目标,建立数学模型,目标函数为

$$E = \min(\max |L_{it} - L_{0it}|) \tag{10-3}$$

式中,E 为渠系各渠池下游末端水位波动的最大值;i 为渠池编号;L_{it} 为 i 渠池下游末端 t 时刻实时模拟水位;L_{0it} 为 i 渠池下游末端目标水位。

10.1.2.2 约束条件

模型主要考虑流量约束、闸门开度约束和闸门调节速率约束。

（1）流量约束一：$\qquad\qquad\qquad Q_i \leqslant Q_{\text{设}i}$ $\qquad\qquad$（10-4）

（2）流量约束二：$\qquad\qquad\qquad Q_i \geqslant Q_{i+1}$ $\qquad\qquad$（10-5）

式中，Q_i 为渠池 i 上游端处在第 t 时段的流量；Q_{i+1} 为渠池 $i+1$ 上游端处在第 t 时段的流量；$Q_{\text{设}i}$ 为渠池 i 上游端处在第 t 时段的设计流量。

（3）闸门开度约束：

$$G_i \leqslant G_{\max i} \qquad\qquad （10-6）$$

式中，G_i 和 $G_{\max i}$ 分别为渠池 i 上游闸的实时闸门开度和设计最大闸门开度，假设闸门操作死区为 0。

（4）闸门调节速率约束：

$$v_i < v_{\max i} \qquad\qquad （10-7）$$

式中，v_i 和 $v_{\max i}$ 分别为渠池 i 上游闸的实时闸门调节速率和速率上限。

10.1.2.3　模型求解

寻优控制器采用遗传算法求解，求解步骤涉及基因编码、初始化种群、目标函数计算、子代种群生成等内容的循环，采用允许误差作为群体进化终止条件，最终得到符合约束条件的求解域内目标函数最优值，作为下一时刻闸门群开度调度目标，具体如图 10-1 所示。

子代种群生成时涉及基因交叉、基因变异和子代约束等 3 项内容。

1. 基因交叉

模型设定基因交叉作为子代形成的基本形式。采用双点交叉方式，在随机交叉概率 Pc 下（$0 \leqslant Pc \leqslant 1$），新得到的 2 个个体与原相互配对的个体之间具有以下关系：

$$Q_{P2}(j,:) = a_1 Q_{P1}(j,:) + a_2 Q_{P1}(j+1,:) \qquad （10-8）$$

$$Q_{P2}(j+1,:) = a_2 Q_{P1}(j,:) + a_1 Q_{P1}(j+1,:) \qquad （10-9）$$

式中，$Q_{P1}(j,:)$、$Q_{P1}(j+1,:)$ 为父代第 j 和 $j+1$ 个个体（$j = 1,2,\cdots,M$）；$Q_{P2}(j,:)$、$Q_{P2}(j+1,:)$ 为子代第 j 和 $j+1$ 个个体；a_1、a_2 是相互交叉的原个体在新个体中所占比例，$0 \leqslant a_1 \leqslant 1$，$0 \leqslant a_2 \leqslant 1$，且 $a_1 + a_2 = 1$。

2. 基因变异

基因变异是针对基因交叉后不满足约束条件的个体进行的子代筛选操作。针对子代个体中不符合约束条件的基因 $Q_{P2}(j,i)$，作以 $Q_{P2}(j,i+1)$ 为基点的小幅度 q 的随机扰动，并依据渠池封冻情况限定波动方向，得到新的基因 $Q_{P2}(j,i)$，即：

$$Q_{P2}(j,i) = Q_{P2}(j,i+1) - q \qquad （10-10）$$

式中，$Q_{P2}(j,i)$、$Q_{P2}(j,i+1)$ 分别为子代中第 j 个个体中的第 i 和 $i+1$ 个基因（$i = 1,2,\cdots,N$）；q 为变异运算中的流量突变值。

3. 子代约束

在基因变异生成子代过程中，需要对新生成子代进行满足约束判断与限制，约束包括模型约束和流量变幅约束。流量变幅约束是针对遗传算法求解特性，避免产生闸门调度大幅突变而设置的约束。流量变幅约束又分为 2 个阶段，分别为基因交叉阶段约束和基因变异阶段约束。只有通过所有约束检验的子代方为合格子代。

第一阶段流量变幅约束，是对所有子代的检验阶段，利用流量变幅幅度 d_1 作为子代某个体是否进行基因变异的条件。

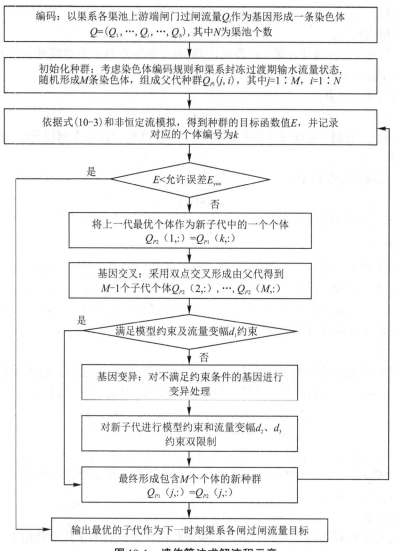

编码：以渠系各渠池上游端闸门过闸流量Q_i作为基因形成一条染色体 $Q=(Q_1,\cdots,Q_i,\cdots,Q_N)$，其中$N$为渠池个数

初始化种群：考虑染色体编码规则和渠系封冻过渡期输水流量状态，随机形成M条染色体，组成父代种群$Q_{P1}(j,i)$，其中$j=1:M$，$i=1:N$

依据式(10-3)和非恒定流模拟，得到种群的目标函数值E，并记录对应的个体编号为k

$E<$允许误差E_{yun} 　是

将上一代最优个体作为新子代中的一个个体 $Q_{P2}(1,:)=Q_{P1}(k,:)$

基因交叉：采用双点交叉形成由父代得到 $M-1$个子代个体$Q_{P2}(2,:)$，$\cdots$，$Q_{P2}(M,:)$

满足模型约束及流量变幅d_1约束 　是

基因变异：对不满足约束条件的基因进行变异处理

对新子代进行模型约束和流量变幅d_2、d_3约束双限制

最终形成包含M个个体的新种群 $Q_{P1}(j,:)=Q_{P2}(j,:)$

输出最优的子代作为下一时刻渠系各闸过闸流量目标

图10-1　遗传算法求解流程示意

第二极端流量变幅约束是对变异基因进行限制的阶段,若经变异后的子代基因满足：

$$Q_{P2}(j,i) > Q_{P0}(i)(1+d\%) \quad \text{或} \quad Q_{P2}(j,i) < Q_{P0}(j,i)(1-d\%) \quad (10\text{-}11)$$

则限制该子代基因为：

$$Q_{P2}(j,i) = Q_{P0}(i)(1+d\%) \quad \text{或} \quad Q_{P2}(j,i) = Q_{P0}(j,i)(1-d\%) \quad (10\text{-}12)$$

式中，$Q_{P0}(i)$为上一时刻各渠池上游端处过闸流量；d为流量变幅约束幅度。

10.2　封冻期调度与分析

10.2.1　控制器水力响应特性对比

分别采用PI控制器与PI+寻优控制器进行封冻期闸门群调度模拟,得到应用不同控制器条件下的渠系典型渠池水力响应偏差过程如图10-2、图10-3所示,其中水位偏差是指模拟实时水位偏离初始稳定水位,正值表示水位上升,负值表示水位降低。

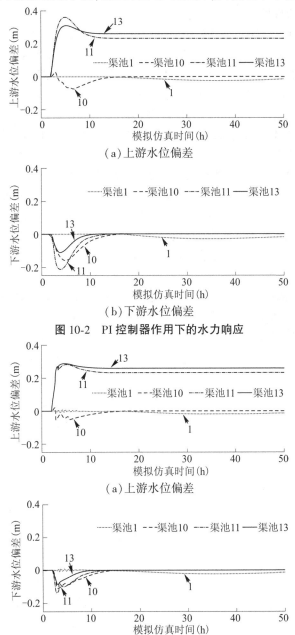

(a)上游水位偏差

(b)下游水位偏差

图 10-2　PI 控制器作用下的水力响应

(a)上游水位偏差

(b)下游水位偏差

图 10-3　PI+寻优控制器作用下的水力响应

　　由于渠池短时间内形成封冻,过流能力减少,在下游常水位运行方式下,为了维持原有的目标输水流量,必然造成渠池上游闸后水位大幅抬升,必须执行开闸指令,增大渠池蓄量,使水力坡度增大到能在当前糙率和过水断面下通过目标输水流量的水位状态,然后通过回调闸门使整个渠系稳定,下游控制断面处的水位回到控制目标位置。其余未封冻渠池的目标状态蓄量不增加,为了更快满足下游渠池对蓄量的要求,这些渠池消耗自身的蓄量满足下游水量需求,水位处于下降状态。所以,出现部分渠池闸后水位抬升,而部分渠池闸后水位下降的现象。

PI 控制器调控下,渠池 11 水位波动最大,上游最大水位偏差约为 0.36 m,下游水位最大偏差约为−0.22 m,越靠近上游的渠池,其水力响应所受影响越小;PI+寻优控制器调控下,渠池 11 最大水位偏差约为 0.28 m,与仅 PI 控制器调节相比,降低约 21%,下游水位最大偏差−0.14 m,偏差减小约 36%,其他渠池的最大水位偏差也均有不同幅度的减小,统计如表 10-1 所示。结果显示,PI+寻优控制器作用下的渠系水力响应,非封冻渠池上下游水位偏差与仅 PI 控制器调节时相比分别至少减小了 11% 和 14%,对于封冻渠池的上下游水位偏差也分别减小了 3.5% 和 7%。同时,对于渠系水位恢复稳定耗时,除渠池 10 上游水位恢复耗时增加外,其余渠池均表现为提前,模拟工况下的耗时缩减量为 0.3~2.6 h。综合表明,PI+寻优控制器具有抑制水位波动过大和尽早稳定水位的效果。

图 10-4 为两种控制器作用下的各渠池进出口流量差对比。结果显示,两种控制器造成的渠池进出流量差变化趋势类似,其幅度和时间不同,过程可分为两类,第一类,封冻渠池表现为进口流量大;第二类,未封冻渠池的进出口流量差表现为先负后正的趋势,且随着距离封冻渠池距离的增大,其正负两个方向的波动幅度也逐渐减小。可见,寻优控制器可通过优化各渠池进出口流量调整过程,减小进出口流量差调整幅度与时间,达到快速逼近目标蓄量目的,进而减小水位波动幅度的目的,但寻优控制器加大了封冻边界渠池进出口流量差调整的波动性,与工程布置、封冻与未封冻渠池流量差调整需求相反等因素有关。

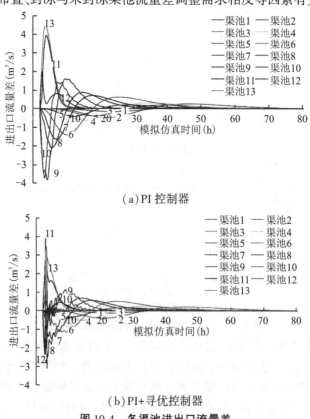

(a)PI 控制器

(b)PI+寻优控制器

图 10-4　各渠池进出口流量差

表10-1 PI+寻优控制器调控效果

渠池上游闸	渠池上游端						渠池下游端					
	PI控制器		PI+寻优控制器		寻优控制效果变化率		PI控制器		PI+寻优控制器		寻优控制效果变化率	
	水位偏差(m)	稳定耗时(h)	水位偏差(m)	稳定耗时(h)	水位偏差(%)	稳定耗时(%)	水位偏差(m)	稳定耗时(h)	水位偏差(m)	稳定耗时(h)	水位偏差(%)	稳定耗时(%)
古运河节制闸	-0.02	80.17	-0.02	77.5	-16.67	-2.59	-0.03	81.85	-0.02	79.00	-17.2	-2.85
滹沱河节制闸	-0.02	77.50	-0.02	74.9	-18.18	-2.58	-0.03	79.25	-0.02	76.67	-16.6	-2.58
磁河节制闸	-0.03	68.58	-0.02	66.1	-15.38	-2.41	-0.03	69.92	-0.03	67.50	-17.6	-2.42
沙河（北）节制闸	-0.03	63.33	-0.02	61.0	19.23	-2.33	-0.03	65.00	-0.03	62.58	-18.9	-2.42
漠道沟节制闸	-0.04	56.75	-0.03	54.5	-18.42	-2.25	-0.04	57.42	-0.03	55.08	-18.6	-2.34
唐河节制闸	-0.03	53.25	-0.02	51.0	-18.75	-2.25	-0.04	54.58	-0.37	52.33	-17.7	-2.25
放水河节制闸	-0.06	39.92	-0.04	38.1	-17.54	-1.75	-0.06	40.25	-0.05	38.50	-18.7	-1.75
蒲阳河节制闸	0.03	19.00	0.02	17.8	-20.69	-1.17	-0.08	34.08	-0.06	32.42	-20.7	-1.66
岗头节制闸	-0.10	23.83	-0.09	23.0	-11.00	-0.83	-0.11	24.08	-0.10	22.83	-13.7	-1.25
西黑山节制闸进口	-0.07	18.33	-0.06	19.0	-14.86	0.67	-0.16	18.92	-0.13	18.42	-15.7	-0.50
瀑河节制闸	0.36	15.08	0.28	14.4	-21.32	-0.66	-0.21	15.67	-0.13	15.17	-36.2	-0.52
北易水节制闸	0.17	13.17	0.16	11.8	-3.53	-1.34	-0.12	14.67	-0.11	13.83	-7.14	-0.84
坟庄河节制闸	0.31	11.75	0.29	11.0	-7.10	-0.67	-0.11	11.08	-0.08	10.75	-23.4	-0.33

10.2.2　控制器闸门群调度过程对比

图 10-5 为两种控制器作用下的渠系典型闸门开度调度过程对比，PI 控制器+寻优控制器作用下，在水位偏差过大时，切换为寻优控制器进行闸门群联合调度，容易造成闸门群操作较 PI 控制器作用下频繁，且单次操作幅度较大，但闸门最大开度较 PI 控制器明显减小。说明了寻优控制器在模型方面设定闸门相关约束，在求解方面设定流量调节幅度限制的必要性和可行性。

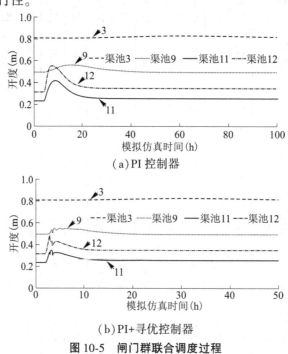

（a）PI 控制器

（b）PI+寻优控制器

图 10-5　闸门群联合调度过程

参 考 文 献

[1] Prabin Rokaya, Sujata Budhathoki, Karl-Erich Lindenschmidt. Trends in the Timing and Magnitude of Ice-Jam Floods in Canada[J]. Scientific Reports, 2018, 8:5834.

[2] 王军. 冰塞形成机制与冰盖下速度场和冰粒两相流模拟分析[D]. 合肥:合肥工业大学, 2007.

[3] 茅泽育, 马吉明, 余云童, 等. 封冻河道的阻力研究[J]. 水利学报, 2002, 33(5):59-64.

[4] 魏良琰, 黄继忠. 冰盖流阻力与综合 Manning 糙率[J]. 武汉大学学报(工学版), 2002, 35(4):1-8.

[5] 茅泽育, 赵雪峰, 王爱民, 等. 开河期冰盖纵向冰缝形成机制[J]. 水科学进展, 2009, 20(3):434-437.

[6] 茅泽育, 赵雪峰, 胡应均. 开河期冰盖横向冰缝形成机制[J]. 水科学进展, 2009, 20(4):572-577.

[7] 茅泽育, 赵雪峰, 王爱民, 等. 武开河的边壁阻力判别准则[J]. 冰川冻土, 2008, 30(3):508-513.

[8] 茅泽育, 赵雪峰, 王爱民, 等. 武开河的边界约束判别准则[J]. 水利水电科技进展, 2009, 29(2):1-4.

[9] Shen H T, Chiang L A. Simulation of growth and decay of river ice cover[J]. Journal of Hydraulic Engineering, 1984, 110(7):958-971.

[10] Shen H T, Wang D S. Under Cover Transport and Accumulation of Frazil Granules[J]. Journal of Hydraulic Engineering, 1995, 121(2):184-194.

[11] Shen H T, Su J, Liu L W. SPH simulation of river ice dynamics[J]. Journal of Computational Physics, 2000, 165(2):752-770.

[12] Kolerski T, Shen H T, Kioka S. A numerical model study on ice boom in a coastal lake [J]. Journal of Coastal Research, 2013, 29(6A):177-186.

[13] Knack I M, Shen H T. A numerical model for sediment transport and bed change in rivers with ice[C]//CONFERENCE PAPER, DECEMBER, 2013.

[14] Knack I M, Shen H T. River Ice Modeling for Fish Habitat Analysis[C]//21st IAHR International Symposium on Ice "Ice Research for a Sustainable Environment". Dalian, China, June 11 to 15, 2012.

[15] 黄海燕. 明渠冰情模拟[D]. 石河子:石河子大学, 1997.

[16] 王永填. 河冰数值模型及河渠冬季输水冰情特性研究[D]. 北京:清华大学, 1999.

[17] 吴剑疆. 河道中冰情形成演变机理分析及冰塞和水内冰数值模拟研究[D]. 北京:清华大学, 2002.

[18] 杨开林, 刘之平, 李桂芬, 等. 河道冰塞的模拟[J]. 水利水电技术, 2002, 33(10):40-47.

[19] 李清刚. 冰盖形成及厚度变化的数值模拟[D]. 合肥:合肥工业大学, 2007.

[20] 王昕. 不同种类冰的厚度计算原理和修正[D]. 大连:大连理工大学, 2007.

[21] 练继建,赵新.静动水冰厚生长消融全过程的辐射冰冻度-日法预测研究[J].水利学报,2011,42(11):1261-1267.

[22] 武汉大学,长江科学院.南水北调中线工程总干渠冰期输水计算分析[R].武汉:武汉大学,2005.

[23] 李志军,韩明,秦建敏,等.冰厚变化的现场监测现状和研究进展[J].水科学进展,2005,16(5):753-757.

[24] Huang X H, Qin J M. The Multipoint Monitoring System for River Ice Thickness Based on Zigbee[C]∥21st IAHR International Symposium on Ice. Dalian, 2012.

[25] 雷瑞波. 冰层热力学生消过程现场观测和关键参数研究[D].大连:大连理工大学,2009.

[26] 杨丽萍.输水渠道拦冰索模型试验及拦冰厚度预测研究[D].天津:天津大学,2010.

[27] 王涛,杨开林,郭新蕾,等.基于网络的自适应模糊推理系统在冰情预报中的应用[J].水利学报,2012,43(5):112-117.

[28] 高孺生,靳国厚,吕斌秀.南水北调中线工程物水冰情的初步分析[J].水利学报,2003, 34(11):96-101.

[29] 中国水利水电科学研究院.中线工程输水能力与冰害防治技术研究[R].北京:中国水利水电科学研究院,2010.

[30] 郭新蕾,杨开林,付辉,等.南水北调中线工程冬季输水冰情的数值模拟[J].水利学报,2011,42(11):1268-1276.

[31] 穆祥鹏,陈文学,崔巍,等.长距离输水渠道冰期运行控制研究[J].南水北调与水利科技, 2010,8(1): 8-13.

[32] 穆祥鹏,陈文学,崔巍,等.南水北调中线工程冰期输水特性研究[J].水利学报,2011,42(11): 1295-1301.

[33] Reddy J M. Design of Global Control Algorithm for Irrigation Canals[J]. Journal of Hydraulic Engineering, 1996,122(9):503-511.

[34] Barros Mario T L, Yang S L, Braga Jr Benedito P F, et al. Optimal Design for Automatic Control of On-demand Canal Systems[J]. Journal of Infrastructure Systems, 1997, 3(2):59-67.

[35] Bautista E, Clemmens A J. Computerized Anticipatory Control of Irrigation Delivery Systems[C]∥Proc., USCID Workshop on Modernization of Irrigation Water Delivery systems, 1999a.

[36] Bautista E, Clemmens A J. Response to the ASCE Task Committee Test Cases to Open-loop Control Measures[J]. Journal of Irrigation and Drainage Engineering, 1999b,125(4):179-188.

[37] Bautista E, Clemmens A J, Strelkoff T S. Routing Demand Changes with Volume Compensation: An Update[C]∥Proc., USCID/EWRI Conf., 2002.

[38] Bautista E, Clemmens A J. Volume Compensation Method for Routing Irrigation Canal Demand Changes[J]. Journal of Irrigation and Drainage Engineering, 2005, 131(6):494-503.

[39] Wahlin B T, Clemmens A J. Automatic Downstream Water-level Feedback Control of Branching Canal Networks: Theroy [J]. Journal of Irrigation and Drainage Engineering, 2006, 132(3):198-207.

[40]姚雄.长距离输水渠系自动化运行控制研究[D].武汉：武汉大学，2008.

[41]丁志良.长距离输水渠道水力特性及运行控制研究[D].武汉:武汉大学，2009.

[42]Balogun O S, Hubbard M, Devries J J. Automatic Control of Canal Flow Using Linear Quadratic Regulator Theory[J]. Journal of Hydraulic Engineering, 1988,114(1):75-102.

[43]方神光，王开，吴保生. 大型输水渠道中过水建筑物的新处理方法[J]. 南水北调与水利科技，2006,4(6):56-58.

[44]杨开林，汪易森.调水工程闸门特性的动态系统辨识[J].水利学报,2011,42(11):1289-1294.

[45]阮新建，杨芳，王长德.渠道运行控制数学模型及系统特性分析[J].灌溉排水，2002, 21(1):36-40.

[46]尚毅梓.南水北调中线工程运行控制模型研究[D].北京:清华大学,2010.

[47]Ruiz-Carmona V M, Clemmens A J, Schuurmans J. Canal Control Algorithm Formulations [J]. Journal of Irrigation and Drainage Engineering, 1998, 124(1):31-39.

[48]David C Rogers, Jean Goussard. Canal Control Algorithms Currently in Use[J]. Journal of Irrigation and Drainage Engineering, 1998, 124(1):11-15.

[49]Clemmens A J, Schuurmans J. Simple Optimal Downstream Feedback Canal Controllers: Theory[J]. Journal of Irrigation and Drainage Engineering, 2004,130(1):26-34.

[50]Clemmens A J, Wahlin B T. Simple Optimal Downstream Feedback Canal Controllers: ASCE Test Case Results[J]. Journal of Irrigation and Drainage Engineering, 2004,130 (1):35-46.

[51]Litrico X, Fromion V. Tuning of Robust Distant Downstream PI Controllers for an Irrigation Canal Pool I: Theory[J]. Journal of Irrigation and Drainage Engineering, 2006, 132(4):359-368.

[52]Litrico X, Fromion V, Baume J P. Tuning of Robust Distant Downstream PI Controllers for an Irrigation Canal Pool. II: Implementation Issues[J]. Journal of Irrigation and Drainage Engineering, 2006, 132(4):369-379.

[53]Litrico X, Malaterre P O, Baume J P, et al. Automatic Tuning of PI Controllers for an Irrigation Canal Pool[J]. Journal of Irrigation and Drainage Engineering, 2007, 133(1):27-37.

[54]杨桦.渠道运行模糊控制理论及其动态仿真研究[D].武汉:武汉大学,2002.

[55]管光华. 大型渠道自动控制建模及鲁棒控制研究[D].武汉:武汉大学,2006.

[56]崔巍.渠系运行最优控制及仿真研究[D].武汉:武汉大学,2006.

[57]De Munck S, Gauthier Y, et al. Preliminary development of a geospatial model to estimate a river channel's predisposition to ice jams[J]. CGU HS Committee on River Ice Processes and the Environment (CRIPE), 16th Workshop on River Ice, 2011(9):18-22.

[58]Sagin J. A geospatial model to determine patterns in river ice cover breakup and jamming behavior[J]. IAHR International Symposium on Ice, 2014(8):11-15.

[59]李芬,李昱,李敏,等.基于模糊评价模型的南水北调中线冰害风险空间分布[J].南水北调与水利科技,2017, 15(1):132-137.